UNE TROISIÈME VOIE
ENTRE L'ÉTAT
ET LE MARCHÉ

ÉCHANGES AVEC ELINOR OSTROM

MARTINE ANTONA, FRANÇOIS BOUSQUET,
COORDINATEURS

Éditions Quæ
RD 10
78026 Versailles Cedex
www.quae.com

WORKING TOGETHER... DE NOMBREUSES CONTRIBUTIONS

Cet ouvrage est issu d'un travail collectif mené depuis la visite en France de Elinor Ostrom, associant plusieurs institutions.

La transcription et la traduction des communications orales de Elinor Ostrom et de ses réponses lors des rencontres avec le public des conférences et les chercheurs des ateliers thématiques, ont été assurées par les coordinateurs de l'ouvrage, Martine Antona et François Bousquet (UR Green, Cirad), sur la base d'une version préliminaire établie par Nadia Cunningham (IDRA).

Quatre chapitres de l'ouvrage ont été rédigés par des collectifs de chercheurs et sont issus des rencontres avec E. Ostrom lors des ateliers de Montpellier.

Groupe « Changement d'échelle et gouvernance »
- Elin Enfors (UR Green, Cirad, Stockholm Resilience Center) ;
- Vincenzo Lauriola (INPA, Brazil) ;
- Martine Antona (UR Green, Cirad) ;
- Gérald Orange (Université de Rouen) ;
- Thierry Ruf (IRD).

Groupe « L'engagement d'acteurs hétérogènes dans l'action collective »
- Collectif Green (UR Green, Cirad) ;
- J. Rouchier (Greqam, CNRS) ;
- E. Sabourin (UMR ArtDev, Cirad) ;
- O. Barreteau, A. Richard-Ferroudji (UMR Eau, Irstea) ;
- M. Willinger, P. Courtois, R. Nessah, T. Tazdaït (Université Montpellier 1, Lameta).

Groupe « Capital social et action collective »
- S. Mignon, A. Mazars-Chapelon, P. Chapellier, C. Janicot (MRM, Université Montpellier 2) ;
- M. Antona (UR Green, Cirad) ;
- A. De Romemont (UMR Innovation, Cirad) ;
- G. Faure (UMR Innovation, Cirad) ;
- D. Naziri, P. Moustier (Cirad-Moisa) ;
- M. Aubert, J.-M. Codron (Inra-Moisa) ;
- T.-L. Nguyen (Vaas-Favri) ;
- D. Sibony (Escem).

Groupe « Postures, représentations, actions : penser la durabilité des systèmes socio-écologiques »
- P.-M. Aubert (AgroParisTech, MRM Montpellier) ;
- R. Mathevet (Cefe CNRS Montpellier) ;
- J. Ballet, J.-M. Koffi, K.-B. Komena (IRD/UVSQ, Université de Bouaké) ;
- P. Cardoso (Université de Paris 1) ;
- R. Le Duff (Université de Caen).

Des encadrés illustratifs ont été organisés et répartis dans l'ouvrage par les coordinateurs. Leurs auteurs en sont :
- Recherches à l'International Forestry Resources and Institutions par E. Ostrom.
- Cadre d'analyse, théorie, modèle par E. Ostrom.
- Des conflits concernant l'exploitation des ressources : au Nord, le cas de l'eau par V. Lauriola.
- Micro-contexte et formation du capital social par S. Mignon.
- Micro-contexte et attributs de la situation d'interaction par D. Naziri.
- Revisiter le don à la lecture du capital social par D. Sibony.
- Eau et gouvernance par R. Le Duff.
- Zones humides et *political ecology* : conflits, interactions stratégiques par R. Mathevet.
- Analyse stratégique de la gestion environnementale et modélisation d'accompagnement par P.-M. Aubert et R. Mathevet.
- Mise en pratique de la gestion participative des ressources naturelles par J. Ballet.
- Coopération intra-groupes et compétition inter-groupes : les conditions d'émergence des modes de gestion collective par P.-M. Aubert.

En fin d'ouvrage figurent un glossaire et une présentation d'auteurs clés, établis par les coordinateurs.

▌SOMMAIRE

Note de l'éditeur

Cet ouvrage comporte une liste des personnes citées dont l'apparition est notée dans le texte par le symbole ᵚ lors de la première occurrence. La première occurrence des termes figurant dans le glossaire est notée par le symbole * dans le texte.

▌PRÉFACE

Eduardo S. Brondizio

Elinor Ostrom, que son entourage appelait Lin, aurait considéré un ouvrage en son honneur comme respectable certes, mais ennuyeux ! Elle donnait le meilleur d'elle-même lorsque ses idées, ses concepts et ses méthodes étaient remis en question, lorsque la construction, les résultats et les implications de sa recherche étaient constructivement critiqués. Sa visite en France en 2011 fut productive, engagée et mémorable en raison des interactions directes, des confrontations « à brûle-pourpoint »[1]. Cette visite qui a impliqué des chercheurs de différentes disciplines, des représentants de l'État, des organisations non gouvernementales, des leaders politiques et des associatifs politiquement engagés fut un véritable « tour de force »[2]. Elle aurait été fière de ce livre et de la manière dont il présente les interactions et les discussions qui ont eu lieu lors de sa visite et les réflexions qui s'en sont suivies. Ce livre fait vivre son travail et ses idées pour un public francophone plus large.

Il restitue la conviction qu'avait Elinor Ostrom de l'importance de débats interdisciplinaires constructifs pour repousser les limites de la connaissance. C'est en effet ce qu'elle a pratiqué tout au long de sa carrière, se joignant à d'autres pour faire émerger des idées et des approches permettant de comprendre des problèmes sociaux complexes, travaillant avec des collègues et des étudiants, quels que soient leurs champs de recherche, leur position hiérarchique ou leur statut. C'est l'essence même du choix du terme « atelier » pour son *Workshop on Political Theory and Policy Analysis* Atelier en théorie et analyse des politiques (aujourd'hui appelé l'Atelier Ostrom) qu'elle a fondé avec son mari Vincent Ostrom[Ψ] en 1973. Au sein de l'Atelier, elle passait une grande partie de son temps à travailler avec des collègues et des étudiants sur des articles, des projets, des méthodologies et l'analyse de données, toutes ces activités qui ont contribué au développement d'une approche originale de l'analyse institutionnelle par l'« École

---

1. En français dans le texte.
2. En français dans le texte.

de Bloomington ». Cette curiosité intellectuelle, quel que soit le type de problème, est un des plus importants héritages qu'elle a légué aux personnes qui ont eu la chance de travailler avec elle.

Il serait bien présomptueux de prétendre résumer son héritage personnel et intellectuel, d'autant plus qu'il est vivant, dynamique et évolutif. De la proposition d'une vision unifiée de l'économie politique à la compréhension des fondements des motivations individuelles et de l'action collective*, en passant par le développement de méthodologies et de cadres de travail partagés pour étudier l'informel, le philanthropique ou l'aide internationale, le legs d'Elinor Ostrom, celui du couple Ostrom, donne, dans la tradition de l'« École de Bloomington », les fruits qu'elle escomptait : étudier des problèmes de l'échelle locale à l'échelle globale et stimuler les avancées de la connaissance. Au-delà des indicateurs – les références à son travail ont doublé depuis son décès en 2012 (127 000 citations d'après Google Scholar en 2017) –, c'est l'évolution de ses idées et leur application à des problèmes sociaux concrets qui, j'en suis sûr, lui seraient le plus précieux.

Elle établissait des liens et menait des combats pour dépasser les divisions disciplinaires improductives, préoccupation qui est perceptible dans cet ouvrage. Elle était toujours prête à envisager de nouvelles façons de connaître, et manifestait le besoin d'une compréhension partagée des outils et des concepts, de discussions claires sur les faits, d'un langage commun et de cadres de référence qui pourraient aider à tirer le meilleur de l'expertise de chacun pour améliorer la connaissance des problèmes sociaux et de l'action pour les résoudre. Je m'aventure à dire que l'une de ses plus grandes frustrations était de voir son travail (mal) utilisé comme des recettes, qu'il s'agisse d'appliquer les principes directeurs* (*design principles*) sans prêter attention au contexte ou de l'utilisation des cadres de l'*Institutional Analysis Design (IAD)** et des systèmes socio-écologiques comme des dogmes.

Son travail a eu une influence en raison de la pertinence de ses questions, mais aussi car il a posé les fondations pour des innovations et de futurs développements. Comme elle l'a indiqué lors de sa conférence à l'Unesco présentée dans cet ouvrage, elle était très intéressée par les idées et les approches qui pouvaient contribuer à une meilleure compréhension de problèmes sociaux. Une de ses plus importantes croisades au cours de ses dernières années fut de militer pour une connaissance cumulative afin de répondre à des questions sur lesquelles les sciences, et en particulier les sciences sociales, se trouvent dans l'impasse. Alors qu'il est toujours nécessaire de porter ce message haut et fort, nous le voyons résonner dans de nombreuses communautés.

Lors d'une récente conférence internationale à l'Agence française de développement (AFD) sur le thème « Communs et développement », les outils, concepts et idées portés par Elinor Ostrom ont percolé lors des présentations et des débats entre chercheurs, praticiens et étudiants. À travers le monde, des étudiants en master et en doctorat proposent de plus en plus de variations des cadres de l'*Institutional Analysis Design* (*IAD*) et des systèmes socio-écologiques. Du niveau international au niveau local, des décideurs s'emparent du concept de polycentricité* développé par l'« École de Bloomington » pour trouver des solutions qui les aident à conduire des processus de coordination complexes pour gérer des ressources et des biens publics*. De même, des communautés rurales et urbaines se servent des principes directeurs d'Ostrom, et y adjoignent leur expérience de terrain pour résoudre des problèmes environnementaux ou de gouvernance*. Du changement climatique à la gouvernance des communs mondiaux, elle a réorienté le débat pour aller au-delà des dichotomies simples et des solutions associées, nous mettant au défi de penser au-delà des États et des marchés, du privé et du public et de nos propres disciplines.

Ce livre met au premier plan des questions qu'Elinor Ostrom se posait et qui se posent encore pour les chercheurs, les décideurs et les praticiens. Durant toute sa carrière, Elinor (comme Vincent) a œuvré à réduire la fracture disciplinaire (et donc les limites) au sein de l'économie politique entre sciences économiques et sciences politiques, fracture qui était à l'origine d'une formulation théorique définissant les problèmes sociaux et collectifs en référence aux instances binaires public-privé ou gouvernement-marché. On retrouve ce fil directeur du début de sa carrière à son engagement sur la question du changement climatique en passant par son ouvrage *Governing the Commons*. Cette recherche est fortement liée aux travaux antérieurs de Vincent Ostrom sur les biens publics et le polycentrisme. Et, dès les années 1960, ils travaillent à une théorie plus holistique de la fourniture de biens collectifs*, qui remet en question les hypothèses dominantes au fondement de diverses politiques publiques. Ils réagissent en cela au « pessimisme » qui domine, dans la lignée de Hardin[ψ], au sujet de la gestion des biens communs*, et à la prééminence de la théorie du « passager clandestin* » selon Olson[ψ].

En ce sens, ils ont contribué à offrir une représentation plus complexe et plus optimiste de la gouvernance, au-delà de celle du gouvernement centralisé et de marchés puissants. Représentation qui inspire aujourd'hui des voies alternatives pour résoudre des problèmes comme le changement climatique. Ce projet d'une économie politique élargie, issu de l'École de Bloomington, a évolué progressivement tout au long de la carrière d'Elinor Ostrom, amenant la question environnementale au centre, du local au global.

Elle a aussi abordé la question des processus sous-jacents et des mécanismes de l'action collective, et des outils qui permettent à des individus de trouver des moyens-solutions pour éviter des dilemmes collectifs inévitables. La Tragédie des communs* de Hardin lui a donné les moyens d'orienter ses travaux antérieurs vers un débat plus large sur les ressources communes. Donner aux individus (au travers de schémas de pensée et d'outils analytiques) le pouvoir de résoudre des problèmes fait partie de l'héritage qu'elle nous laisse. Ce domaine de recherches prolifique (comme tous ceux qu'elle a investis) a créé un héritage durable et, encore aujourd'hui, en constante évolution. Elinor Ostrom a étendu la portée internationale de son travail et la liste de ses collaborateurs pour décoder les termes et les concepts, développer des méta-analyses systématiques et comparatives d'études de cas, et élaborer des typologies de biens*, de droits de propriété*, de règles* et de normes*, sur lesquels nous adossons nos recherches encore aujourd'hui.

Les travaux d'économie expérimentale* dans lesquels elle s'est engagée ont contribué à comprendre le rôle de variables clés impliquées dans l'action collective et les dilemmes sociaux*, comme l'information, la communication en face-à-face, la confiance*, l'interaction et le savoir sur la ressource. Cet ouvrage fournit plusieurs contributions à ces discussions, au travers d'échanges qu'elle a eus au Cirad avec des chercheurs sur le rôle du pouvoir dans les interactions sociales, sur l'hétérogénéité sociale dans les arènes d'action*, sur la position du chercheur dans l'analyse de problèmes d'action collective ou encore sur les questions d'échelles dans la gouvernance des communs.

Il est impossible d'évoquer son travail sans aborder son engagement pour le développement de collaborations interdisciplinaires, ni discuter le rôle de cadres conceptuels et de méthodologies partagés pour faciliter l'analyse collaborative de dilemmes d'action collective et de problèmes socio-écologiques complexes.

Nombre d'entre nous, ses collègues à l'université d'Indiana, rejoints par d'autres collègues du monde entier, continuons à poursuivre ces efforts pour une simple raison : ils permettent de collaborer sur des problèmes complexes et de communiquer au-delà des barrières disciplinaires. Ici encore, on peut souligner la contribution de cet ouvrage à l'évolution des cadres d'analyse. Il est écrit par des chercheurs qui, comme Elinor Ostrom, sont ancrés dans la réalité concrète et souvent désordonnée des hommes et de leur environnement. Depuis les travaux fondateurs consacrés aux cadres de l'*Institutional Analysis Design (IAD)* et aux systèmes socio-écologiques, le rôle d'acteurs hétérogènes, leurs points de vue, leurs valeurs et les interactions entre arènes d'action à plusieurs niveaux font l'objet d'une attention renouvelée. Appliquer ces idées et ces outils à des problèmes concrets et à la réalité sociale inégale qui nous entoure permet à des chercheurs de démontrer l'utilité et de mettre en avant l'application des cadres conceptuels et des méthodes auxquels Elinor Ostrom a consacré l'essentiel de sa carrière.

En interagissant de façon critique avec ses travaux et ses idées, cet ouvrage lui rend hommage, au-delà d'une recension de conférences, de visites et de débats inoubliables. C'est un témoignage de sa foi dans le pouvoir de la collaboration et dans l'importance du fait de travailler ensemble. Je félicite les coordinateurs de cet incroyable effort.

Eduardo Brondizio est professeur d'anthropologie à l'Université d'Indiana (Bloomington, États-Unis), directeur du Center for the Analysis of Social-Ecological Landscapes.

PRÉAMBULE

Roland Pérez

Le présent ouvrage se réfère à une série d'évènements – les rencontres avec Elinor Ostrom en France au printemps 2011 –, aventure collective à laquelle nous avons eu le privilège de participer et dont nous souhaitons témoigner.

Pour en appréhender la portée, il convient de se remémorer le contexte qui était celui de la communauté scientifique française avant l'attribution, en 2009, du prix, communément appelé « Nobel d'économie », à Elinor Ostrom, prix partagé avec Olivier Williamson. Disons-le clairement, alors qu'Olivier Williamson, professeur dans la prestigieuse université de Californie à Berkeley, était très connu tant des économistes que des « gestionnaires de l'environnement », et que ses ouvrages étaient traduits en français et souvent cités, Elinor Ostrom, en revanche, était très peu connue, avec notamment aucune traduction en français de ses travaux. Ainsi, son célèbre ouvrage de 1990, *Governing the Commons*, n'a été traduit en français qu'en 2010, c'est-à-dire après l'attribution du Nobel en 2009.

Les quelques exceptions se situaient dans les équipes de recherche travaillant sur les systèmes agro-écologiques et la gestion des ressources naturelles, ainsi l'équipe Green du Cirad, créée par Jacques Weber[ψ] en 1993[3] et appuyée par Michel Griffon[ψ].

C'est grâce à ma période passée au contact des agro-économistes à Montpellier[4], puis au niveau national (Académie d'agriculture de France depuis 1994), que j'avais eu la possibilité d'entendre parler d'Elinor Ostrom et des travaux de l'École de Bloomington auxquels des chercheurs de Montpellier participaient. Quand, en 2008-2010, la direction du Cirad m'a confié la commission d'évaluation de ses personnels, j'ai pu attirer son

---

3. Ainsi, Jacques Weber témoigne : « Je connais effectivement bien Elinor Ostrom, collaborant avec elle depuis 1986, avant même la création de l'International Association for the Study of Common Property [...]. L'équipe Cirad-Green collabore sur une base constante avec son équipe, François Bousquet a assuré des formations à la modélisation multi-agents à Bloomington [...], et je l'avais invitée en 1994 à Paris » (Weber, communication personnelle).
4. Au CIHEAM-IAM Montpellier et à Agropolis Montpellier de 1986 à 1996.

attention sur l'intensité de ces relations Montpellier-Bloomington et sur leur antériorité par rapport à la notoriété liée au Nobel de 2009, par exemple Bousquet *et al.* (1994), Weber (1995), Griffon et Weber (1996), Antona et Sabourin (2004), etc.

Mon domaine principal de recherche portant sur le management et la gouvernance des organisations[*] humaines finalisées, j'ai été sensibilisé depuis longtemps aux modes d'organisation collective, appelés parfois auto-organisation[*] (Le Moigne, 1977), qui permettent d'ouvrir une voie alternative à la fois aux régulations purement marchandes et aux fonctionnements administratifs bureaucratiques.

Enfin, j'ai eu la chance de rencontrer Eduardo Brondizio, agronome brésilien de formation, devenu professeur à l'université d'Indiana à Bloomington dont il animait le département d'anthropologie, en liaison avec le collectif de recherches fondé par le couple Ostrom, le fameux Atelier en théorie et analyse des politiques (Workshop on Political Theory and Policy Analysis)[5]. Eduardo venait de passer une année sabbatique à Paris, au laboratoire d'anthropologie du Collège de France, et il y est revenu, avec son épouse, pour animer à nos côtés l'école doctorale d'été que nous avons organisée à Amiens en 2010 sur le thème « Agro-ressources et écosystèmes »[6].

Comme une autre disciple d'Elinor Ostrom – Meriem Bouamrane, en charge du suivi du programme MAB à l'Unesco[7] – était également intéressée, le projet de monter une visite en France du nouveau Nobel d'économie, pour mieux faire connaître les problématiques étudiées par cet auteur et les avancées significatives qu'elle-même et son équipe avaient permises, est devenu un projet collectif, illustrant ce *working together* qui est – comme on le sait – un des principaux principes d'action qu'Elinor Ostrom recommandait et pratiquait elle-même[8].

L'équipe de base, formée autour des collègues du Cirad (Martine Antona, François Bousquet, Jacques Weber), avec l'appui de la direction de cette institution et le renfort de Meriem Bouamrane, de Eduardo Brondizio, de François Silva et de moi-même, a établi un programme centré sur les institutions les plus concernées par les travaux d'Elinor Ostrom et ouvert à d'autres catégories de publics.

Les deux étapes prévues de la visite se sont ainsi situées respectivement à Montpellier (20 et 21 juin 2011) et à Paris (22 et 23 juin 2011) ;

---

5. Séminaire scientifique créé en 1973 à l'université d'Indiana par Elinor et Vincent Ostrom qui a constitué pendant 40 ans un des pôles majeurs dans le monde pour la formation et la recherche sur les institutions. Il est devenu l'Atelier Ostrom (Ostrom Workshop) sous la direction de James Walker et Michael McGinnis, voir https://ostromworkshop.indiana.edu/about/history/index.html.
6. Voir l'ouvrage collectif coordonné par Christophe et Pérez (2012).
7. MAB The Man and the Biosphere Programme (voir le site Internet de l'Unesco).
8. Il est significatif que cette recommandation ait été choisie comme titre de son dernier ouvrage (Poteete *et al.*, 2010).

le programme en a été précisé par les organisateurs en relation avec Elinor Ostrom elle-même, avec un symposium à Montpellier et une série de conférences-débats à Paris.

Pour le symposium de Montpellier, une thématique large sur Épistémologie, théorie et méthodologie de l'action collective (*Collective Action, Epistemology, Theory, Methodology*) a été proposée. Cette étape a comporté, le premier jour, une conférence publique (Corum Montpellier), suivi d'une remise de doctorat *honoris causa* de l'université de Montpellier ; puis, le second jour, un atelier de chercheurs (*Advanced Workshop*) et une rencontre avec les doctorants (*Master Class*) sur le site d'Agropolis.

Ce symposium fut l'occasion de mettre en relief les principaux apports d'Elinor Ostrom et des collectifs qu'elle a créés et animés sur plusieurs dizaines d'années, les collaborations, parfois anciennes, déjà nouées par des équipes françaises, les perspectives de leur renforcement et de leur élargissement à d'autres institutions et thèmes de recherche.

Les conférences-débats à Paris furent orientées sur quelques manifestations, arbitrages rendus nécessaires devant la multiplicité des suggestions et des propositions d'invitations suscitées par cette visite et compte tenu de la brièveté de son séjour en France. Ainsi, ont été organisées, d'une part, des conférences au niveau institutionnel (Unesco, OCDE, Académie d'agriculture de France), d'autre part, une rencontre-débat avec des chercheurs et des acteurs de l'économie sociale et solidaire.

La conférence à l'Unesco a eu lieu à l'initiative de la direction générale de l'Unesco – DG sciences (programme MAB *Man and Biosphere*) sur le thème *Social-Ecological Systems*.

À l'Académie d'agriculture de France, Elinor Ostrom, qui y avait été élue comme membre étranger, a prononcé une allocution à l'ouverture du colloque sur « Les hommes et l'eau : agriculture, environnement et espace méditerranéen » ; manifestation organisée par l'Académie d'agriculture dans le cadre du 250ᵉ anniversaire de sa fondation.

À l'OCDE, l'auteur a été invitée pour y faire un exposé, dans le cadre du 50ᵉ anniversaire de la constitution du département Agriculture et environnement.

La rencontre-débat avec les chercheurs et acteurs de l'économie sociale et solidaire a été complémentaire des précédentes. Les problématiques couvertes par Elinor Ostrom et son équipe dépassant en effet les seuls terrains socio-écologiques, il était apparu souhaitable de s'ouvrir aux chercheurs travaillant sur d'autres terrains (notamment ceux de l'économie numérique…) et aux mouvements associatifs concernés par les questions des biens collectifs, du capital social, de l'auto-organisation et auto-gouvernance, notamment dans le secteur de l'économie sociale et solidaire.

L'organisation en a été confiée au Ciriec (Centre international de recherche et d'information sur l'économie sociale), en partenariat avec le Cnam et la chaire « Économie sociale et management » de l'Escem, et avec le concours de diverses institutions et associations scientifiques concernées. La séance plénière s'est tenue en présence d'Elinor Ostrom.

Ces différentes rencontres ont montré l'ampleur des avancées permises par les travaux conduits par d'Elinor Ostrom et son équipe et leurs aspects novateurs.

Ses travaux constituent un plaidoyer pour l'interdisciplinarité en sciences humaines et sociales. Plutôt que de s'enfermer dans une formalisation de plus en plus éthérée – et même si son équipe pratique des formes avancées de modélisation –, Elinor Ostrom incite à croiser les regards de plusieurs disciplines autour d'un objet d'analyse commun. Aussi, ses apports intéressent les différentes composantes du champ des sciences humaines et sociales concernées par l'action collective – l'économie certes, mais aussi la gestion et la science politique, la sociologie et l'anthropologie, la cybernétique et la dynamique des systèmes… – rendant un peu factices, voire obsolètes, un certain nombre de frontières disciplinaires actuelles.

Cette interdisciplinarité du champ de recherches s'accompagne d'un véritable pluralisme méthodologique, combinant méthodes « quanti » et « quali » sans donner, comme le font la plupart des économistes contemporains, la prééminence des premières sur les secondes. Les collectifs de recherche qu'elle a créés et animés recourent à différentes familles de méthodes d'investigation, selon le contexte du terrain étudié. Cet éclectisme, plutôt cette contextualisation des protocoles et des méthodes de recherche, constitue selon nous l'un des traits les plus caractéristiques de cet auteur, notamment ces dernières années.

Enfin, les résultats ainsi obtenus incitent à la tolérance et à l'absence de dogmatisme. Pour elle, il n'y a pas un modèle absolu de gouvernance – « tout marché » *vs* « tout État » – mais une diversité de situations – y compris celles de règles conçues et mises en œuvre par les communautés concernées – qu'il convient d'analyser au plus près afin d'y apporter une solution adaptée.

La période actuelle met en évidence la pertinence des apports, de la méthodologie et des résultats obtenus par Elinor Ostrom. Même les choix de ses terrains, sur des « écosystèmes anthropisés », deviennent aujourd'hui cruciaux à l'heure des COP 21 et 22 et des inquiétudes pour la planète. S'y ajoutent les effets induits par les technologies de l'information et de la communication (TIC) et *a fortiori* par les technologies du vivant, qui renouvellent le débat sur les biens communs. Ces items mettent les questions relatives aux régimes d'appropriation, d'usage et de gouvernance de l'information et, plus largement, de la connaissance au cœur des problématiques de nos sociétés contemporaines.

Ainsi, paradoxalement, le thème de la gouvernance des biens communs est passé, en quelques décennies, d'une question marginale, voire surannée, à une question centrale, touchant plusieurs des enjeux majeurs du monde. Par ses intuitions et son obstination, Elinor Ostrom aura été un des agents actifs de cette prise de conscience. C'est vraisemblablement le message principal que représente le Nobel qui lui a été attribué et dont le présent ouvrage tente de rendre compte.

Grâce à la notoriété acquise par ce prix prestigieux, la question des ressources communes (*Common Pool Resources*)* a suscité, ces dernières années, un intérêt certain, voire un engouement parfois surprenant. Sans prétendre être les « gardiens du Temple », nous avons en effet été surpris des rapprochements, parfois à contresens, entre biens publics et biens communs (au sens des *Common Pool Resources*) et *a fortiori* entre ces « biens communs » à la Elinor Ostrom et le « Bien commun » au sens philosophique et moral – ainsi, un site d'information avait illustré l'ouvrage récent de Jean Tirole sur l'*Économie du bien commun* (2016) par une photographie d'une manifestation canadienne sur la défense des biens communs.

Sans être exhaustif, nous rappellerons quelques-uns des travaux menés et des publications dans la période récente :
– les travaux qui tentent de faire le pont entre les communs* « à la Elinor Ostrom » et les approches plus classiques en France (marxisme, École de la régulation…) ; ainsi, le volumineux essai de P. Dardot et C. Laval (2014) et le dossier thématique (Chanteau *et al.*, 2013) dans la *Revue de la régulation*, comme l'encyclopédie sur les communs (Orsi *et al.*) à paraître aux PUF en 2017 ;
– les travaux menés sur les « communs immatériels », notamment ceux liés à la nouvelle économie numérique, *via* l'association Vecam, et le programme Propriété intellectuelle, communs et exclusivité (Propice) de l'Agence nationale de la recherche[9] (Coriat, 2015) ;
– les travaux qui ont continué sur l'action collective et, plus particulièrement, sur l'économie sociale et solidaire, avec le dossier thématique (Pérez et Silva, 2013) dans la revue *Management & avenir* et le numéro spécial (Pérez et Paranque, 2015) de la *Revue de l'organisation responsable* ;
– les travaux qui ont commencé sur les communs dans le domaine de la finance[10].

Cet ouvrage complète le dispositif de diffusion au sein de la communauté francophone, tant scientifique que citoyenne, des travaux réalisés, des idées et des propositions avancées par Elinor Ostrom et plus largement par l'École de Bloomington qu'elle a créée avec Vincent Ostrom. Il se situera même en tête de ce référentiel, ses auteurs ayant été les précurseurs et les principaux initiateurs de cette (re)connaissance d'une œuvre majeure.

Roland Pérez est professeur émérite de l'Université de Montpellier (France), membre de l'Académie d'agriculture de France.

---

9. Programme ANR animé par Benjamin Coriat au CEPN (Université Paris Nord), voir www.mshparisnord.fr/ANR-PROPICE/
10. Voir la liste forum finance@bienscommuns.orgfinance@bienscommuns.org et http://www.rencontres-montblanc.coop/page/forum-finances-en-biens-communs-le-2-juillet-2015-lyon.

TRAJECTOIRES, HÉRITAGES ET ACTUALITÉS

La biographie d'Elinor Ostrom est très connue. Elle a elle-même raconté son parcours en 2010 dans un article de l'*Annual Review of Political Science* (Ostrom, 2010) et en 2011 dans le *Policy Studies Journal* (Ostrom, 2011a). Nous proposons ici une courte biographie en mettant l'accent sur quelques rencontres qui ont marqué son parcours et participé aux inflexions de sa recherche.

Elinor Ostrom fut la première de sa famille à entrer à l'université, en l'occurrence l'université de Californie UCLA. Elle a conté les difficultés rencontrées au début de son parcours pour être prise au sérieux en tant que femme. Elle a également expliqué combien la discipline de l'économie comme celle des sciences politiques furent souvent critiques sur ses travaux, essentiellement car Elinor Ostrom tenait à prendre en compte la complexité des phénomènes étudiés et à s'appuyer sur des recherches empiriques.

Au début des années 1960, elle a suivi les cours de Vincent Ostrom (qui deviendra son mari). Ce dernier demanda à ses étudiants de choisir chacun une nappe phréatique située en Californie du Sud et d'étudier les processus mis en place pour faire face aux problèmes de croissance démographique et de manque d'eau. Le groupe d'étudiants échangeait à propos des différents cas et comparait les différentes stratégies et actions utilisées par les différentes communautés. À la fin des années 1960, à la suite des travaux de Mancur Olson et surtout de Garret Hardin, ces travaux prirent une portée plus importante. En effet, en 1968, Hardin publia un article intitulé « The Tragedy of the Commons » (la Tragédie des communs) (Hardin, 1968), qui expliquait qu'une ressource qui n'est pas appropriée est condamnée à être surexploitée car chacun des usagers a intérêt à exploiter cette ressource au plus vite avant que les autres ne le fassent. C'est un dilemme : si chacun raisonne individuellement, il est rationnel d'exploiter au plus vite la ressource alors que, collectivement, il serait plus rationnel de définir un prélèvement total qui permette à la ressource de subsister et donc aux exploitants de se maintenir. Pour Hardin, les communs seraient donc condamnés à la tragédie à moins que l'on ne privatise la ressource – chacun prendra alors soin de sa part – ou bien qu'une autorité supérieure – l'État le plus souvent – régule le prélèvement. Les observations d'Elinor Ostrom et de ses collègues allaient à l'encontre de cette théorie. Elle observait que, lorsque des individus font face à ce type de dilemme, ils n'ont pas forcément besoin d'une autorité supérieure pour définir un prélèvement soutenable. Lorsqu'ils ont des « arènes » dans lesquelles ils peuvent échanger, apprendre à se faire confiance, rassembler des informations solides, observer l'évolution des ressources, créer des règles, ils parviennent alors à résoudre leur dilemme sans intervention d'une autorité supérieure, ni privatisation de la ou des ressources concernées.

Devenue chercheuse à l'université de l'Indiana à Bloomington, elle a conduit des recherches sur la « fragmentation » des services urbains. La théorie disait alors que la multiplicité des organisations gouvernementales conduisait au chaos et à l'inefficacité. Des réformes à l'échelle des métropoles proposaient de réduire une telle fragmentation en créant des organisations moins nombreuses mais plus grosses. Les divers projets de recherche menés par Elinor Ostrom au sujet des services de police dans plusieurs régions métropolitaines des États-Unis montrèrent le contraire. L'explication de cette efficacité de petites unités locales est liée, selon elle, à la co-production des services : la proximité des bureaux de police permet aux résidents et aux policiers d'interagir pour co-produire de la sécurité, réelle ou ressentie.

Au début des années 1980, Elinor Ostrom a séjourné plusieurs fois à Bielefeld en Allemagne. Elle y développa les bases de son approche de l'analyse des institutions*. Elle cherchait à produire un cadre conceptuel qui lui permette d'étudier de la même façon les juridictions, les marchés, les administrations, bref toutes les structures impliquées dans une économie politique complexe. Ce cadre, nommé l'*Institutional Analysis Design (IAD)* décrit dans cet ouvrage, lui servira de guide pour constituer une vaste base de données sur des cas de gestion de biens communs, en relation avec de nombreux collègues. Au sein du Workshop in Political Theory and Policy Analysis qu'elle a créé avec Vincent Ostrom à l'université d'Indiana de Bloomington en 1973, elle consacra de nombreuses années à étudier la diversité des institutions. C'est à partir de l'analyse de cette base de données qu'elle classa les formes d'appropriation des ressources qui dépassent la simple propriété privée. Elle identifia des droits d'accès, de collecte, de gestion, d'exclusion et d'aliénation. Ces droits peuvent se combiner en ce qu'elle a appelé des faisceaux de droits*, pour produire une multiplicité de formes d'appropriation (Schlagger et Ostrom, 1992). Des expériences en laboratoire ont permis de voir quelles sont les variables importantes pour la soutenabilité d'un système de gestion. En 1990, elle publia son livre le plus fameux sur ce sujet, *Governing the Commons* (Ostrom, 1990), édité en français en 2010.

Après plusieurs années passées à étudier la question des communs et à la suite de rencontres avec des chercheurs qui travaillaient sur la résilience* des systèmes sociaux et écologiques (Holling, 1973 ; Folke *et al.*, 2011), elle orienta sa carrière sur le thème des systèmes socio-écologiques, c'est-à-dire sur la relation entre dynamiques écologiques et dynamiques sociales. Ce changement de cadre correspondait au débat naissant et à une demande d'informations sur les changements globaux par la société civile, par exemple sur le problème du climat. La réflexion sur les systèmes socio-écologiques lui a permis de généraliser à une échelle globale les leçons tirées des études menées à l'échelle locale.

L'HÉRITAGE D'ELINOR OSTROM

Après la disparition d'Elinor Ostrom et les premiers hommages à son travail, ses collègues et ses collaborateurs ont poursuivi ces travaux. Certains ont écrit des articles sur son œuvre ou édité des ouvrages de recueil de ses contributions (Cole et McGinnis, 2015a, 2015b, 2017 ; Agilica et Boetke, 2009) ; d'autres ont ouvert de nouveaux champs d'application. Nous avons exploré les contributions déposées à la Digital Library of the Commons du Workshop de Bloomington ainsi que les articles publiés dans la revue *International Journal of the Commons* depuis 2011. Ces deux ressources (la Digital Library et la revue) ont été créées et portées par Elinor Ostrom, et font partie de l'héritage qu'elle a laissé, deux répertoires en accès libre qui mettent à disposition des écrits sur les communs. Nous avons aussi interrogé ses collègues de Bloomington ou de l'Arizona State University avec qui elle a beaucoup publié au cours de ses dernières années de vie et de travail. À partir de ces lectures et de quelques autres références, nous distinguons : ce que nous enseignent les synthèses à propos de son œuvre, les nouveaux champs dans lesquels son œuvre émerge et enfin la poursuite de son œuvre sur les cadres de travail.

SYNTHÈSE DE SES PRINCIPALES CONTRIBUTIONS

De nombreux auteurs ont tenté et tentent encore de classer les apports d'Elinor Ostrom. B. M. Frischmann, étudiant d'Elinor Ostrom, retient deux leçons de son professeur (Frischmann, 2013) : prendre en compte la complexité et le contexte et, méthodologiquement, créer et utiliser des cadres de travail (*frameworks*) qui intègrent de multiples méthodes, théories et études empiriques pour un apprentissage systématique et évolutif. Elle a contribué à réduire la fracture entre sciences politiques et économiques en complexifiant les modèles simples de chacune de ces disciplines qui séparaient le public et le privé, l'État ou les marchés. Cole et McGinnis (2015a, 2015b, 2017), qui sont les coordinateurs d'une série de trois livres qui rassemblent ses articles majeurs ainsi que des contributions d'auteurs qui l'ont influencée ou ont participé à ses travaux, ont différencié les travaux d'Elinor Ostrom selon les thèmes de la polycentricité, de la gestion des communs et enfin des méthodes et des cadres de travail. Nous reprenons leur catégorisation.

Le thème de la polycentricité est le cœur de la contribution d'Elinor Ostrom. C'est le thème qu'elle a choisi au début de sa carrière en travaillant avec Vincent Ostrom et Charles Tiebout[ψ] et c'est celui qu'elle a conservé tout au long de son parcours de chercheuse. Même si c'est au thème des communs qu'elle doit sa célébrité, la polycentricité constitue le socle de son œuvre. Comme elle le rappelle dans sa leçon pour l'obtention du prix Nobel, Vincent Ostrom, Charles Tiebout et Robert Warren (1961) ont introduit le concept de polycentricité pour tester si l'ensemble des interactions entre de multiples centres de décision publics et privés engagés dans la gestion des métropoles états-uniennes produisait du chaos, comme l'alléguait la plupart des chercheurs à cette époque. Leurs recherches empiriques, qu'Elinor Ostrom poursuivit tout au long de sa carrière, montrent qu'au contraire la diversité des centres de décisions, coordonnés suivant de multiples modes, forme un système qui produit de multiples services.

La gouvernance des ressources a constitué le champ empirique des recherches d'Elinor Ostrom, qui aboutissent à des avancées théoriques et à des recommandations en termes de politiques de gestion des ressources. Ses travaux initiaux sur l'eau, qui se diversifieront ensuite à l'ensemble des ressources renouvelables comme les stocks de poissons, les pâturages, les forêts, l'amènent à s'intéresser aux formes d'appropriation, c'est-à-dire à la diversité des règles et des droits à propos de ressources et de biens. Si ses observations confirment l'importance du contexte, chaque cas de gestion de ressources – c'est-à-dire de combinaison de processus écologiques et de modes d'appropriation – étant unique, son œuvre a essentiellement consisté à rechercher les régularités, les différentes catégories ou les registres généraux. À partir d'un grand nombre de cas d'étude (les bases de données sur les systèmes d'irrigation ou sur les forêts sont les exemples les plus connus – voir encadré Recherches à l'International Forestry Resources and Institutions), elle propose une conceptualisation d'une situation de gestion des biens communs et identifie les conditions qui permettent une gestion durable de ces biens. Son tableau de définition des types de biens (public, privé, club, communs), repris des travaux de Samuelson, est une de ses productions les plus utilisées car elle sert à définir ce qu'est un « bien commun ». Elle montre que la définition du bien commun s'appuie sur des facteurs sociaux et non pas sur la nature de ces biens. Mais c'est à travers le concept de *bundle of rights*, traduit en français par faisceau de droits, qu'elle contribue le plus à caractériser la situation de gestion des biens communs. L'analyse des bases de données de cas d'étude la conduit, avec E. Schlager et à la suite des travaux de J. Commons[ψ], à proposer cinq types de droits que des individus peuvent avoir à propos du bien commun : le droit d'accès, le droit de prélèvement, le droit de gestion, le droit d'exclure, le droit d'aliéner. Le deuxième apport marquant (à tel point que les auteurs considèrent que c'est celui-ci qui lui vaudra le prix Nobel) d'Elinor Ostrom à partir de l'analyse des bases de données est l'identification des *design principles*. Elle dira plus tard regretter ce terme de principes qui porte une dimension prescriptive. Son objectif est de chercher dans les différents cas ce qu'elle a appelé des régularités (on pourrait dire des formes) institutionnelles que l'on retrouve au sein des systèmes de gestion des biens communs qui ont vécu longtemps et qui sont absentes des systèmes qui n'ont pas perduré.

Pour ceux qui ont analysé les travaux d'Elinor Ostrom, son troisième apport majeur a été de proposer des cadres (*frameworks*) en tant qu'outils d'apprentissage. Elle différencie théorie, modèle et cadre (voir encadré Cadre d'analyse, théorie et modèle). Un cadre de travail sert à rassembler et à organiser les démarches et les résultats pour étudier la gestion des ressources et des biens communs. Le cadre de travail fournit un langage général pour décrire ; une fois établi à partir de nombreuses observations empiriques et recherches théoriques, il est mis à l'épreuve de nouvelles observations et expérimentations. Il est donc évolutif, et l'œuvre d'Elinor Ostrom montre comment ces cadres ont évolué au fur et à mesure de ce travail permanent d'observation de terrain et de test par les expériences. L'utilisation de ces cadres lui permet de tirer des leçons en assemblant les résultats de méthodes très différentes et souvent considérées comme incompatibles. Dans le domaine des sciences sociales, elle est pionnière dans l'utilisation coordonnée d'études de terrain, d'expérimentation économique en laboratoire et sur le terrain, et de modélisation mathématique et informatique. Le dernier livre qu'elle écrit avec Poteete et Janssen (Poteete *et al.*, 2010) porte d'ailleurs sur cette question des méthodes multiples. Elle produit également deux cadres marquants : le cadre de l'*Institutional Analysis Design (IAD)* et celui des systèmes sociaux et écologiques. Ils sont présentés dans la suite de cet ouvrage, à la fois dans les conférences d'Elinor Ostrom et dans les groupes de discussion.

Polycentricité, gestion des biens communs et utilisation de cadres évolutifs pour synthétiser l'apport de multiples méthodes sont ainsi, pour ceux qui ont écrit à ce sujet, les différents aspects de sa contribution. D'un point de vue plus général, T. Forsyth et C. Johnson (2014) considèrent que son héritage principal est le développement d'une approche du choix rationnel[*] collectif pour penser les institutions. À la suite de H. Simon[ψ] (comme elle le mentionnera elle-même dans un entretien[11]), elle critique le modèle de l'individu rationnel qui cherche à maximiser ses bénéfices à partir de

---

11. http://www.socialsciencespace.com/2011/11/my-social-science-career-interview-with-elinor-ostrom/http://www.socialsciencespace.com/2011/11/my-social-science-career-inter-view-with-elinor-ostrom/ (consulté le 4 avril 2017).

l'information totale et parfaite dont il dispose, et elle s'attache à définir un modèle de rationalité de deuxième génération. Dans celui-ci, les acteurs sont complexes, faillibles, font de leur mieux en fonction de ce qu'ils savent et des contraintes avec lesquelles ils doivent composer, peuvent apprendre et édicter des règles. En situation de gestion de ressources communes, le facteur auquel Elinor Ostrom attache le plus d'importance est celui de la confiance, essentiellement la confiance dans le fait que les autres respecteront les règles. Cette confiance passe par la confiance dans les autres et par l'existence et l'efficacité d'un système de sanction. Elle offre aux études sur le développement une perspective dans laquelle des individus peuvent entreprendre des actions collectives à propos des biens communs sans en référer obligatoirement à l'intervention de l'État ou à l'établissement de la propriété privée. Elle permet aussi de décrypter et de donner un renouveau à l'analyse du fonctionnement de modes de gestion de ressources dans les pays du Sud comme du Nord, qu'il s'agisse de gestion collective de pâturages, de pratiques d'affouage, de modalités établies au sein de groupement de pêcheurs, telles les prudhommies en Méditerranée française ou les *cofradias* en Espagne, ou encore des tribunaux communautaires de l'eau en Espagne. Loin d'une vision passéiste des institutions mobilisées, ses travaux abordent les conditions de la pérennité de tels systèmes.

ÉVOLUTION RÉCENTE DES CADRES ET DES MODÈLES

Elinor Ostrom marque la recherche en sciences économiques et politiques par le fait qu'elle construit des cadres et les fait évoluer progressivement en les confrontant avec les études de terrain ou les résultats d'expérimentations. Comme elle l'écrit dans son dernier livre avec A. Poteete (Poteete *et al.*, 2010), elle encourage la communauté de chercheurs à développer des conceptualisations, des modèles, des théories, des outils et des méthodes pour actualiser les cadres qu'elle a développés et élaborer de nouvelles théories basées sur les observations de terrain. Les collaborateurs ou les chercheurs inspirés par son œuvre ont poursuivi dans plusieurs directions qu'elle avait identifiées.

Il y a tout d'abord ceux qui ont travaillé la pertinence et la précision des cadres proposés. Ainsi, Leslie *et al.* (2009) ont rendu opérationnel et testé le cadre des systèmes socio-écologiques (SES) en étudiant une pêcherie, et X. Basurto l'a aussi utilisé pour classifier différentes pêcheries (Basurto et Ostrom, 2013, 2011). Considérant que les concepts mis en œuvre dans ce cadre étaient ambigus, Hinkel *et al.* (2014) ont contribué à le clarifier et proposé une procédure basée sur un ensemble de dix questions et une documentation rigoureuse de ce cadre. McGinnis et Ostrom (2014) ont aussi poursuivi le travail sur le cadre des systèmes socio-écologiques en modifiant essentiellement la description de la gouvernance des systèmes. Cette analyse souligne le retour à l'ambition initiale du cadre de travail, à savoir, développer un outil de diagnostic pour étudier la durabilité des systèmes socio-écologiques complexes. Ce diagnostic se décompose en trois phases. La première est la définition d'un niveau d'analyse pour comprendre les principales interactions responsables de la dynamique. La deuxième étape consiste à sélectionner les variables qui doivent être mesurées. Le cadre des systèmes socio-écologiques propose un ensemble de variables qui ne seront pas toutes prises en compte ; le mérite de cette liste de variables est de s'assurer que certaines n'ont pas été oubliées ou sous-estimées. Enfin, en troisième étape, ce cadre permet de communiquer les résultats.

Viennent ensuite les chercheurs qui étendent les cadres de travail pour poursuivre l'œuvre d'Elinor Ostrom en analysant statistiquement quels sont les facteurs qui font le succès ou l'échec d'un système de gestion des communs. Le principe est le même que celui qu'elle avait adopté : créer une base de données à partir d'un cadre qui identifie un certain nombre de variables, documenter cette base de données, et faire des analyses statistiques qui visent à l'identification des variables qui influent sur la soutenabilité des systèmes. Le projet SESMAD (*Social-Ecological Meta-Analysis Database*) conduit par M. Cox (Cox *et al.*, 2010) inclut de nouvelles variables et cherche essentiellement à prendre en compte des systèmes sur une grande échelle afin d'estimer si les relations identifiées à l'échelle locale lors des études précédentes émergent aussi de cette analyse. Un deuxième groupe de chercheurs a poursuivi les recherches d'Elinor Ostrom à partir de base de données d'études de cas et publié les résultats dans un numéro spécial de l'*International Journal of the Commons*. Baggio *et al.* (2016) analysent 69 études de cas et concluent que l'importance des *design principles* dépend des caractéristiques de la ressource et des infrastructures créées par les hommes. Ainsi, la définition des limites sociales (qui fait partie des utilisateurs et qui n'en fait pas partie) est importante quand la ressource est mobile (par exemple une pêcherie), alors que, pour une ressource statique (forêt, périmètre irrigué), c'est plus le dispositif d'observation et de surveillance qui favorisera la soutenabilité du système. Barnett *et al.* (2016) analysent neuf cas d'études qui contredisent les attentes, soit parce que les principes ne sont pas respectés mais que le système est durable, soit parce que les principes sont respectés et que le système ne s'est pas avéré durable. Leur étude met l'accent sur des problèmes méthodologiques pour le codage, indique que certains principes ont plus d'importance que d'autres, comme souligné par l'étude de Baggio, et mériteraient d'être formulés plus précisément.

Enfin, les collaborateurs d'Elinor Ostrom poursuivent son œuvre en examinant la dynamique des systèmes qu'elle a conceptualisés et formalisés. Elle a montré comment des communautés peuvent créer des règles pour résoudre des dilemmes sociaux. Mais quelle est la dynamique de ces règles ? Ces règles sont-elles robustes lors de changements et permettent-elles la résilience du système ? À la fin des années 1990, Elinor Ostrom avait rencontré un groupe de chercheurs travaillant dans le domaine de la résilience des systèmes socio-écologiques (c'est à l'issue de cette rencontre qu'elle utilisera ce concept). La résilience est la capacité d'un système à absorber les perturbations et à se réorganiser de façon à maintenir ses fonctions et sa structure. Elle leur apporte sa contribution sur les institutions et leur donnera un fondement scientifique pour penser l'action collective en rapport avec les ressources et l'environnement. En retour, elle interagit avec des chercheurs qui travaillent sur la dynamique des systèmes et sur leurs réponses à des perturbations. À partir de 2004, elle développe avec M. Anderies et M. Janssen (Ostrom *et al.*, 2007) le cadre de la robustesse[*] qui pose la question des relations entre des ressources, des usagers, des infrastructures (qui peuvent être des routes comme des règles) et des fournisseurs d'infrastructures (Anderies *et al.*, 2016). La robustesse est le maintien de certaines caractéristiques du système lorsqu'il est confronté à des perturbations internes ou externes. Aujourd'hui, Anderies, Janssen et Schlager (2016) ont nommé leur cadre d'analyse « système d'infrastructures couplées » (*Coupled Infrastructure Systems*). Le système est composé de différents types d'infrastructures dont ils étudient la dynamique des interactions. Il s'agit d'une tentative pour formaliser la dynamique de systèmes polycentriques.

L'ACTUALITÉ DE LA PENSÉE D'OSTROM

Au-delà de la trajectoire scientifique d'Elinor Ostrom décrite ci-dessus, le vocable de commun comme voie « alternative », qu'elle introduit, notamment dans son discours de réception du Prix de la Banque de Suède en sciences économiques en mémoire d'Alfred Nobel en 2009, est repris dans de nombreux domaines et par des acteurs sociaux divers. L'année 2016 a été appelée « année des communs » par de multiples associations, organisations et mouvements de la société civile. On ne compte plus les articles et les livres, destinés aux scientifiques comme au grand public, qui mentionnent l'actualité ou l'intérêt d'une pensée du bien commun. On peut citer le livre de M.-B. Crawford (2016) qui explique le besoin de refaire de l'attention, du silence, un « bien commun ». Dans un autre domaine, la monnaie virtuelle est présentée dans un article du *Monde* « comme un bien commun reconnu par une collectivité d'usagers », et donc à l'origine d'un sentiment d'appartenance de ces usagers.

L'actualité de la pensée d'Elinor Ostrom prend deux directions. La première est celle du commun comme troisième voie entre l'État et le marché qui est au cœur de sa pensée. Cette idée est reprise dans de nombreux domaines, pour penser le travail et ses nouvelles formes, pour penser les connaissances et leur partage, ou encore le climat. Dans ces divers domaines, à partir d'une réflexion sur les régimes d'appropriation collective, les questions explorées s'orientent sur le « faire ensemble » entre divers groupes d'acteurs, sur la co-production de services collectifs, y compris entre l'État et les citoyens, et sur la fourniture de services pour un public, en dépassant la seule idée de consommation commune.

La seconde direction est celle d'une démarche scientifique qui porte un regard sur des situations concrètes, qui part d'observations pour bâtir de nouveaux paradigmes et proposer de nouvelles approches. Le développement d'une économie collaborative comme d'une économie sociale et solidaire prend des formes diverses qui font référence au commun et à des logiques qui peuvent le sous-tendre. Les interrogations soulevées renvoient à des paradigmes qui mobilisent les questions d'accès, de fonctionnalité et de réciprocité, traités notamment dans les champs scientifiques de l'économie du partage ou de l'économie politique de la contribution.

LE COMMUN COMME TROISIÈME VOIE ?

En choisissant comme point de départ de ses analyses les formes de l'appropriation des ressources, Elinor Ostrom a mis en évidence le rôle de l'organisation sociale qui définit les conditions d'accès aux ressources, partageant ainsi le questionnement de J. Ribot et N. Peluso (2003) ou de J. Rifkin dans *L'âge de l'accès* (2005). Alors que la propriété est associée à la modernité depuis des siècles (Coriat, 2015 ; Le Roy, 2015), l'usage de ressources partagées régulé par des collectifs d'appropriation pourrait conduire à une gestion plus efficace des ressources et à mieux répondre aux besoins des sociétés que la propriété, qu'elle soit individuelle ou étatique. Lors d'une conférence récente à l'Agence française de développement, Gaël Giraud, met en avant l'« accès pour tous » avec « des droits différenciés ».

Ce débat est désormais vivace, qu'il s'agisse des gènes et du vivant, des médicaments, des données qui transitent sur Internet… En montrant que cela s'appuie sur une organisation sociale, et en fournissant des cadres et des outils conceptuels, cette pensée de l'appropriation a donné naissance à tout un champ de réflexion sur la décision et l'organisation collective qui s'étend à de nombreux domaines, de celui des ressources localisées à des questions plus globales comme le développement ou encore le climat. Ainsi, Elinor Ostrom, lors d'une conférence à la Banque mondiale en 2011 sur le développement économique dans un monde post-crise (Ostrom, 2011c) reprend la question de l'aide au développement. L'aide pourrait, selon elle, assurer une contribution auprès d'institutions qui offrent des garanties d'un développement plus soutenable dans le contexte de relations de pouvoirs asymétriques, afin de sortir de ce qui est analysé comme le « dilemme du Samaritain ».

De nombreux auteurs travaillant dans des domaines très divers ont trouvé dans sa contribution des cadres et des outils utiles pour leurs recherches.

Dans le cadre des communs globaux et en travaillant sur la pertinence des principes directeurs (*design principles*) à cette échelle, P. Stern (2011) considère que les travaux d'Elinor Ostrom ouvrent le champ des possibles, en donnant l'opportunité d'inclure l'action des institutions non gouverne-mentales auto-organisées à l'arène qui était jusque-là réservée aux États et au marché. A.-J. Jordan *et al.* (2015), qui étudient la convention des Nations Unies sur le changement climatique, observent l'inclusion de multiples acteurs dans une organisation polycentrique pour la gestion du climat. Plusieurs niveaux (national, international, régional) travaillant selon différents modes (marchés, réseaux, hiérarchies) dans de multiples domaines (agriculture, industrie, transports, éducation) doivent interagir. Les auteurs précisent cependant que l'efficacité d'une telle organisation polycentrique reste à démontrer.

G. Palsson (2011) a utilisé les travaux d'Elinor Ostrom à propos des gènes et du génome. Pour lui, la génomique (les matériaux, les données, les informations) sera mieux gérée par une autorégulation. Les questions de justice sociale, de participation, de droits des générations futures, de distribution des résultats de la recherche posent des questions auxquelles ces travaux peuvent contribuer à répondre.

Pour D.-L. Anthony (2011), bien que les conditions d'exclusion et de rivalité ne correspondent pas à la définition d'un bien commun, Internet pose des questions auxquelles ces mêmes travaux peuvent contribuer à répondre, car l'action d'un individu sur le système et dans le système peut avoir des implications non seulement pour les autres utilisateurs, mais également pour l'intégrité du système lui-même.

Pour d'autres auteurs, le renouveau des communs fait écho à la domi-nation d'une économie néolibérale et permet de passer à une pensée sur le changement car il fournit des clefs pour une politique future, en préfigurant de nouveaux rapports de pouvoir qui ne s'appuient pas sur la propriété (Dardot et Laval, 2014) et en identifiant des solidarités à différentes échelles.

L'actualité de la pensée des communs permet donc d'offrir un regard sur un ensemble de situations concrètes et ouvre ainsi la question de nouveaux paradigmes à identifier pour penser le changement.

DES SITUATIONS CONCRÈTES À DE NOUVEAUX PARADIGMES

L'actualité des travaux d'Elinor Ostrom tient aussi au fait que ses travaux et cadres d'analyse fournissent une perspective sur les relations entre société et nature. Or, des auteurs mettent en cause les effets de théories, de repré-sentations du monde qui cadrent la réalité et deviennent « performatives » en « produisant » de fait une réalité conforme au cadre présenté. Ils pointent ainsi le rôle des prismes scientifiques qui influencent la conservation, la gestion dans une direction (Mace, 2016 ; Orach et Schlüter, 2016). Les travaux d'Elinor Ostrom n'échappent pas à ce débat, même s'ils mettent l'accent sur le danger de la solution unique, du *one fits all*, et sur le rôle du contexte. Les situations qui caractérisent les communs sont donc concrètes et situées dans des groupes, des systèmes donnés. Une diversité d'approches est nécessaire pour penser l'action ; l'expérimentation comme l'apprentissage au sein de groupes sont une donnée de base du fonctionnement des communs. Elinor Ostrom a développé en 2012 un argumentaire, « Pourquoi devons-nous protéger la diversité des institutions », qui conteste le modèle d'institutions standardisées, uniformes, qui est souvent planifié au Sud (Ostrom, 2012b). Du fait de bénéfices peu partagés entre un nombre réduit de bénéficiaires, ces institutions uniformes sont à l'origine de « verrous » qui ne permettent pas de développer des apprentissages ni de modifier ces institutions, sauf à la marge.

L'analyse de l'émergence de ce qui est qualifié de nouveaux ou néo-communs et la promotion de nouvelles formes d'économies (collaborative, sociale et solidaire, circulaire ou *peer to peer*) s'inscrivent dans un renouveau de la pensée (Bollier, 2015 ; Bollier et Elfridge, 2015 ; Bauwens, 2015). On peut néanmoins y retrouver l'usage collectif de certaines ressources (y compris privées), dont la propriété individuelle ne doit plus être la seule caractéristique, et « à chaque fois un collectif ou à une autre échelle une société qui se dote d'une institution destinée à satisfaire ses besoins collectifs » (Thomé, 2016). Cette logique d'usage s'inscrit dans une économie de la fonctionnalité, revendiquée par le secteur de l'économie collaborative (Massé *et al.*, 2015).

Des auteurs signalent la nécessité de revoir les concepts et les catégories issues de la modernité, du droit romain pour mieux reconnaître le principe du commun et décrire et analyser des « pratiques instituées » (Dardot et Laval, 2014 ; Le Roy, 2016).

D'autres auteurs reprennent l'idée d'expérimentations et mettent à jour, dans les nouvelles formes d'économie collaborative étudiées, les institutions et les règles identifiées par Elinor Ostrom sans être partis de ses analyses. Il en est ainsi de la logique d'accès distribué selon des règles dans l'économie du libre et du *peer to peer* décrite par Bauwers (2015). La logique du don et de l'échange symbolique comme alternative à l'échange marchand est aussi retenue dans l'économie du partage analysée par Alain Caillé (2013). En renvoyant au commun, elle peut fonder certaines de ces économies émergentes dans le sens où elle s'appuie sur des formes de réciprocité et de lien social au sein de collectifs. Mais, si le concept de commun peut permettre de préciser ou de donner une signification à ces nouvelles formes d'économies, souvent définies de manière un peu vague, sont mentionnés les risques liés à une récupération possible par une forme d'économie « collaborative » qui peut être instrumentalisée par l'État ou la logique néolibérale du marché, et ne pas considérer les valeurs sociales du commun. Ces valeurs sociales et le fait d'en prendre soin se situeraient alors dans une économie politique de la contribution, qui s'inscrit dans des relations à repenser entre le marché, l'État et la société, et dans le débat sur les formes de développement de nos sociétés.

COMMENT LIRE CE LIVRE ?

La visite d'Elinor Ostrom en France a donné lieu à des séries de conférences et à des échanges avec des scientifiques et un public plus large. Ce livre est le reflet de ces journées.

Une première partie décrit les échanges qu'elle a eus avec le grand public lors de ses deux conférences, suivies par des séances de questions. C'est l'objet des deux premiers chapitres. Dans la première conférence à Montpellier, ouverte aux non-scientifiques, elle dialogue avec un large public devant plus de 500 personnes et présente ce qu'elle entend par cette « organisation en commun des ressources », ces communs, ce « ni État, ni marché », titre de sa conférence. Elinor Ostrom était invitée à l'Unesco pour la seconde conférence consacrée au thème de l'interdisciplinarité, en présence de chercheurs et de scientifiques d'organismes internationaux et de l'administration française, mais aussi de diverses personnalités, députés ou journalistes. Enfin, un troisième chapitre présente le jeu de questions et réponses avec le public.

La deuxième partie décrit ses interactions avec des chercheurs francophones. Cette fois, ce sont les chercheurs qui ont préparé et ont exposé leur analyse des travaux d'Elinor Ostrom, avant de lui poser des questions. Quatre chapitres correspondent aux textes de préparation et aux questions posées. Dans un dernier chapitre, les réponses données par Elinor Ostrom à la communauté scientifique sont regroupées par thème.

Au fil des textes, des encadrés présentent des exemples ou des illustrations des débats abordés lors de ces journées.

GOUVERNER EN COMMUN

Les textes qui suivent sont issus de la retranscription et de la traduction des deux conférences données par Elinor Ostrom lors de sa visite en France.

▌NI ÉTAT, NI MARCHÉ

Dans cette conférence ouverte aux non-scientifiques, Elinor Ostrom présente ce qu'elle entend par cette « organisation en commun des ressources », ces communs, ce « ni État, ni marché », titre de sa conférence. Elle introduit donc ses travaux dans leur diversité et souligne leur sens : on peut expliquer pourquoi des acteurs s'organisent et collaborent pour gérer des ressources en commun, ce que l'on observe dans la réalité. Elle montre comment, avec des recherches empiriques qui mobilisent de nombreuses méthodes, elle a contribué à identifier de nombreuses variables, de nombreux facteurs qui expliquent cette coopération.

Les théories conventionnelles, qu'elle a contestées, décrivaient des individus isolés qui, en fonction de leur intérêt propre et égoïste, ne pouvaient ni trouver des règles qu'ils s'imposeront à eux-mêmes, ni contribuer à un résultat collectif satisfaisant pour la société. Les solutions proposées à ce problème par ces théories sont la privatisation ou l'intervention de l'État.

De ces travaux, on peut retenir une double conclusion. D'une part, il n'y a pas de relation entre une règle spécifique et le succès d'un système de gouvernance. C'est le respect d'un ensemble de principes directeurs qui permet la robustesse des systèmes de gouvernance. D'autre part, on peut montrer que la diversité et l'emboîtement des unités de gouvernance ne sont pas un handicap mais un atout pour une gestion durable.

Elinor Ostrom

Merci à tous de m'avoir invitée. C'est merveilleux d'être de retour ici après tant d'années. Vincent, mon mari, va vouloir que je lui fasse un rapport très détaillé et minutieux et savoir tout ce qui se passe ici maintenant car il a gardé de très bons souvenirs de son séjour intellectuel et de sa visite de la ville. Je vais vous parler d'une problématique qui n'a pas toujours été une partie clé de la recherche universitaire ou politique. Je ne vais donc vous parler ni de l'État, ni du marché. Quand j'ai commencé mon travail académique, on m'a appris qu'il existait deux types d'organisation et que le monde n'était constitué que du marché ou de l'État. On considérait comme quelque peu archaïques des communautés organisant collectivement l'utilisation des ressources, ces communautés n'avaient pas saisi le fait qu'elles devaient être soit privées et marchandes, soit gouvernementales !

Nous avons donc fait des progrès.

J'aimerais maintenant vous parler de la théorie conventionnelle de l'action collective que l'on trouve dans nombre de nos manuels, certes pas dans tous mais dans un grand nombre, et qui est fondée sur le travail novateur et important de Mancur Olson et Garret Hardin. Ces auteurs supposent que tous les individus sont de simples optimisateurs, à la recherche de gains matériels, et que ce gain est ce qui nous motive tous. Le dilemme dans une ressource, par exemple une pêcherie (et Fikret Berkes[ψ] nous a beaucoup appris sur ce sujet au cours des années), c'est qu'il est très difficile de la définir et de la limiter en tant qu'ensemble. Donc, si moi je pêche les poissons d'un lac ou d'une pêcherie côtière dans un océan, ces poissons ne sont plus disponibles pour quelqu'un d'autre. Une partie du problème des ressources communes est qu'il est très, très difficile d'exclure quelqu'un de son exploitation. C'est possible mais c'est coûteux. Quiconque en retire une partie pour sa consommation l'enlève aux autres. Cela peut créer un vrai dilemme car chacun veut être la personne qui n'a pas à limiter son exploitation tout en souhaitant que les autres le fassent. Cette théorie est largement acceptée, elle se trouve dans un grand nombre de nos manuels et sous-tend l'intervention du gouvernement et l'imposition de règles. Dans de nombreuses facultés en sciences de l'environnement, dans la plupart en fait, tout au moins aux États-Unis, les étudiants doivent étudier l'article de Garrett Hardin quelque trois ou quatre fois avant d'avoir terminé leurs études.

Si nous réfléchissons à la façon de représenter cette théorie schématiquement, nous avons des individus qui maximisent leurs intérêts à court terme, ce qui, face à ce genre de dilemme, conduit à des résultats collectifs sousoptimaux. C'est donc une théorie très simple si vous n'utilisez que deux variables comme ceci, les bénéfices individuels à court terme des individus et les résultats du collectif. Si nous utilisons cette théorie conventionnelle pour améliorer les résultats de l'exploitation de ces ressources, de nouvelles règles doivent être imposées de l'extérieur et cela nous donne un rôle très important, à nous les scientifiques. Les scientifiques que nous sommes sont censés créer des modèles, trouver de nouvelles voies de réflexion et rechercher dans nos modèles et nos théories la solution optimale, pour ensuite recommander que la propriété revienne soit au secteur privé, soit au gouvernement. Nous pouvons supposer que les usagers ne vont pas résoudre ce dilemme de second ordre, c'est-à-dire trouver de nouvelles règles qu'ils s'imposeraient à eux-mêmes. Ils ne parviennent déjà pas à résoudre un dilemme de premier ordre, celui de réduire chacun individuellement leur exploitation... Notre rôle à nous est donc de développer des modèles qui peuvent être utilisés pour résoudre le problème, et de nombreux scientifiques sont ainsi devenus très, très fiers de ce rôle. Leur raisonnement était basé sur le fait que les individus allaient continuer à maximiser leurs bénéfices à court terme mais que les autorités externes allaient leur imposer de nouvelles règles sur la base de nos modèles ; avec ces nouvelles règles, même en recherchant la maximisation des bénéfices individuels, des résultats optimaux seraient atteints pour la société. Très bien, sans équivoque, magnifique, mais illusoire.

Nos recherches empiriques sur l'action collective liée aux ressources communes montrent que, dans des circonstances bien particulières, des personnes – en situation expérimentale, en laboratoire, ne se connaissant pas, n'ayant aucun moyen d'établir qui fait quoi, dans l'anonymat le plus complet – ont un comportement en adéquation avec la théorie. Mais nous avons trouvé dans des études de cas publiées par de nombreux auteurs des degrés élevés de coopération* sur le terrain. Nous avons fait de nouvelles recherches et trouvé de l'action collective, certes pas partout, mais lorsqu'on nous soutient qu'une telle action est impossible, la retrouver dans n'importe quel cadre défie cette théorie de l'impossibilité. Les facteurs qui influent sur la coopération des usagers se sont avérés être très nombreux. Ce n'est pas simplement une ou deux choses qui sont déterminantes, et il nous faut donc passer par un certain nombre d'étapes. Nous n'avons pas fini mais nous progressons.

DES COMPORTEMENTS ET DES MICRO-SITUATIONS

Notre première étape, et le résultat de nombreuses années de recherches menées ensemble, indique que nous devons changer la théorie conventionnelle d'individus optimisateurs, bornés et égoïstes, recherchant un profit privé immédiat. Nous ne pensons pas que tous les êtres humains soient des anges, ce n'est pas vrai, mais nous devons maintenant intégrer dans nos réflexions en nous basant sur le travail d'Herbert Simon (Simon, 1976) que, si les individus veulent prospérer, l'information dont ils disposent est incomplète. Ils ne comprennent pas parfaitement comment maximiser, mais ils apprennent et, avec une rationalité limitée, améliorent leur situation avec le temps. Ils sont particulièrement réceptifs à l'apprentissage des normes sociales et un travail phénoménal réalisé par les psychologues sociaux montre la vitesse à laquelle les êtres humains apprennent ces normes et l'importance qu'elles ont à leurs yeux. Ainsi avec le temps, les gens apprennent les normes sociales et les préférences *other-regarding* (dirigées vers autrui). Tout dépend de qui est impliqué dans une situation et de sa structure. Si nous nous trouvons en présence d'un groupe d'individus égoïstes et bornés, qui ne recherchent que leurs bénéfices personnels, c'est ce que tous finissent par faire. Mais, dans de nombreuses situations, ce n'est pas ce que font les autres mais la structure de la situation qui influence leur comportement, leur apprentissage mutuel et leur cheminement vers la réciprocité. Il y a ainsi une relation de dualité entre un modèle différent de comportement humain et les modèles complexes observés sur le terrain. Nous sommes là sur une question très difficile où nous essayons d'expliquer la coopération dans des situations complexes, ce n'est pas facile mais nous devons le faire.

Malheureusement, il n'existe pas une seule variable pouvant expliquer de meilleurs niveaux de coopération. Certains analystes pensent que tous les groupes de petite taille devraient être capables de résoudre le problème de la coopération. Non, nous constatons que des groupes importants parviennent à le résoudre alors que des petits groupes échouent. On observe régulièrement, quel que soit le secteur ou la méthode, que les participants ont tendance à coopérer s'ils croient que les autres personnes se trouvant dans la même situation vont faire de même. Mais cela n'est pas une variable externe évidente. On ne peut pas toujours savoir quand et en qui ou en quoi les gens vont accorder leur confiance ; mais gagner cette confiance est une variable très importante. Si vous croyez vraiment que les autres vont coopérer et sont dignes de confiance, vous avez moins peur de devenir la « bonne poire » car c'est une des grandes craintes dans ce genre de situation. En effet, les gens pensent « je vais coopérer et les autres non et je vais être la bonne poire ». Ils cherchent donc à augmenter la réciprocité et la confiance de diverses manières (figure 1.1). S'ils y parviennent, le comportement qui en résulte mène à des résultats de plus en plus complexes et, au lieu de nous contenter d'un nouveau modèle basé sur l'individu ou d'un modèle unique de la situation, nous devons prendre en compte la façon dont les individus interagissent dans différentes situations. C'est pour cela que c'est difficile. Au lieu donc de ce petit modèle bien simple, nous devons penser à des individus qui apprennent et mettent en pratique : ils peuvent apprendre les normes de comportement et utiliser les normes d'interaction mais, dans une situation donnée, ils sont aussi sous l'influence des variables micro-situationnelles.

Un exemple de micro-situation peut être la famille. Certaines familles ont une façon bien à elles de s'assurer que la vaisselle et les différentes tâches ménagères sont faites : chacun compte sur la contribution de l'autre. Mais ce n'est pas le cas dans d'autres familles et pourtant ils communiquent entre eux tous les jours ; ainsi l'évier peut être considéré comme une ressource commune qui peut être gérée de diverses façons par les membres de la famille. Dans les micro-situations de la famille, d'une équipe de pêcheurs, d'un groupe d'exploitants de la forêt ou d'usagers de l'eau, ces facteurs micro-situationnels sont très importants. Mais ils sont enchâssés dans un contexte plus large et, dans ce contexte élargi, nous devons tenir compte de l'histoire du groupe dans le temps, de tout ce qui constitue les influences externes et de leur importance, de ce que font les agents publics, etc. Ces facteurs mènent certains individus à choisir une situation, où ils entrent, ils interagissent et se soutiennent mutuellement, ce qui augmente les niveaux de coopération et les bénéfices nets ; la rétroaction est positive. L'interaction incite donc à poursuivre la coopération et les résultats s'améliorent avec le

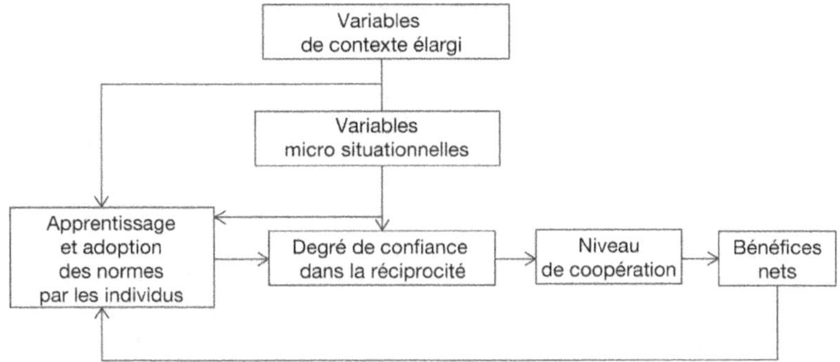

Figure 1.1. Degré de confiance et niveau de coopération affectés par le contexte et la micro-situation des dilemmes sociaux.
L'individu, influencé par un contexte rapproché (caractéristique de la situation en cours) et un contexte plus général (normes, références...), est capable d'apprendre et d'adopter ou de suivre des normes de comportement. En fonction de ses caractéristiques individuelles et du contexte, l'individu déterminera son niveau de coopération, qui le conduira à agir, et il appréciera les résultats de son action qui nourriront son apprentissage. Source : Poteete *et al.*, 2010.

temps. Il se peut aussi que certains commencent à tricher et les niveaux de coopération diminuent légèrement, que d'autres aient peur et ne coopèrent plus et puis d'autres et d'autres ; la rétroaction est négative et la situation va en empirant.

DE MULTIPLES MÉTHODES

Nous essayons donc de comprendre cette situation très complexe et nous progressons, en partie parce que nous expérimentons en situation de laboratoire. L'avantage du laboratoire, c'est que nous créons la structure et que nous pouvons changer cette structure, une variable à la fois, et observer ce qui se passe dans cette situation. Nous avons constaté une plus forte coopération dans certaines situations expérimentales que dans d'autres, certaines expériences ont été faites en laboratoire, d'autres sur le terrain.

Dans le cas d'une expérience sur les ressources communes sans aucune communication, ainsi que je l'ai déjà mentionné, les individus vont surexploiter la ressource de façon croissante et ce constat peut être utilisé comme point de départ. Nous leur donnons ensuite la possibilité de communiquer et, habituellement, c'est une première étape importante car elle mène à des niveaux accrus de coopération. Si nous leur donnons la possibilité de contrôler et de se sanctionner mutuellement, en laboratoire, ils le font. L'effet net de la sanction dépend du niveau de communication que l'on permet. Certains ont réagi excessivement à nos résultats sur la notion de sanction pensant que celle-ci était la panacée, mais cela n'est pas le cas ; la sanction combinée à la communication peut aider les gens à créer une situation beaucoup plus solide que lorsqu'ils n'ont pas la possibilité de sanctionner. La revue *Science* a récemment publié un article, coécrit par Marco Janssen et plusieurs auteurs, sur des expériences en laboratoire réalisées dans le cadre de l'étude sur les systèmes socio-écologiques, confirmant ce constat dans un environnement encore plus complexe que celui que nous évoquons (Janssen *et al.*, 2010).

Il faut développer et cumuler tout ce que nous comprenons des attributs structurels d'une micro-situation. Nous sommes revenus sur une centaine d'expériences différentes en nous concentrant sur ces aspects et nous avons essayé d'identifier quels étaient les facteurs micro-situationnels qui pouvaient augmenter la coopération dans une situation expérimentale (figure 1.2).

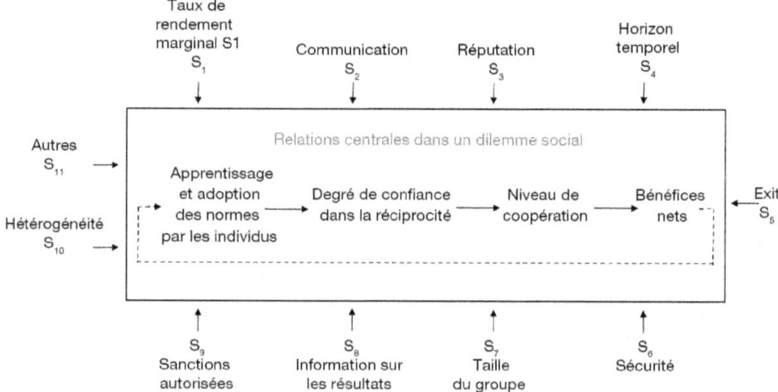

Figure 1.2. Variables micro-situationnelles affectant la confiance et la coopération dans les dilemmes sociaux.
Source : Poteete *et al.*, 2010.

Reprenons certains de ces facteurs :
– l'un d'entre eux est un taux de rendement marginal plus élevé : si nous investissons du temps et des efforts à résoudre un problème, par exemple à ne pas exploiter une forêt mais à la préparer en vue d'une exploitation durable, notre contribution personnelle augmente le rendement de la forêt, sa productivité ;
– lorsque la communication est possible, elle joue un rôle déterminant dans nos micro-situations, comme je l'ai déjà dit et comme nous l'avons constaté à maintes reprises ;
– la réputation : si les gens ne connaissent pas vraiment les détails d'une histoire mais savent que Joe ou Susie a la réputation d'être responsable et fiable, cela fait une grande différence pour eux et influe sur leur volonté de coopérer à long terme.

Dans les variables micro-situationnelles qui ont des effets positifs, on peut citer :
– la capacité des gens à s'investir à long terme. Dans le contexte du laboratoire, nous ne pouvons pas travailler sur la même durée que sur le terrain. Mais quelquefois, en faisant des expériences sur une heure, nous avons pu recréer des situations expérimentales dans lesquelles les gens interagissent sur une période de deux ou trois mois. À plus long terme, ils peuvent communiquer entre eux et constater qu'en coopérant les bénéfices s'améliorent ;
– encore plus intéressant, la capacité de pouvoir « sortir », de « quitter », est très importante. Toute personne, qui pense que le groupe n'est pas en train de résoudre le problème ou de bien faire le travail, peut s'en aller. Cette option, liée au fait que certains s'en vont vraiment, montre clairement aux autres que leur comportement ne permet pas de résoudre le problème à long terme ;
– la sécurité de votre contribution. Cela peut se tester en laboratoire un peu plus facilement que sur le terrain. Vous demandez par exemple aux gens de contribuer financièrement ; vous leur expliquez que lorsque vous aurez rassemblé un montant X vous l'investirez, mais que, si ce montant n'est pas atteint, leur contribution sera remboursée. Tous ceux qui ont contribué se trouvent ainsi protégés contre les « passagers clandestins » (*free riders*) qui eux ne vont tirer aucun bénéfice de leur attitude de non-contribution.

Des variables micro-situationnelles peuvent avoir des effets mitigés :
– la taille du groupe. Les résultats ne sont pas uniformes pour ce facteur. On observe, dans le cas d'expériences concernant un bien public, que la probabilité que les sujets contribuent est plus forte dans les groupes de grande taille que dans les petits groupes, mais le contraire est vrai dans le cas de ressources communes ;
– l'information sur les actions des autres. Le fait de rendre publiques les actions de chacun peut également avoir un double effet. Dans certaines expériences, on observe que la coopération s'accroît alors qu'elle diminue dans d'autres. Quand il s'agit des ressources communes, une fois que les gens voient que la coopération baisse, elle diminue ensuite très rapidement ;
– la capacité de pouvoir sanctionner peut apporter aux gens des bénéfices considérables, comme je l'ai déjà mentionné plus haut. Mais s'ils ne peuvent pas se transmettre l'information, l'efficacité de la sanction diminue ;
– l'hétérogénéité des participants mène à une grande variété de résultats, quelquefois positifs, quelquefois négatifs. Nous n'avons pas encore de résultat théorique clair dans ce cas.

Nous pensons donc en termes de petite micro-situation emboîtée dans laquelle les individus qui adoptent et apprennent les normes essaient de se décider. Vont-ils coopérer ou pas ? S'ils décident de coopérer, la coopération va s'accroître, etc.

Toutes ces variables structurelles ont un impact et elles sont nombreuses ! On nous demande constamment quelle est la variable qui compte. Notre problème c'est qu'il n'y en a pas une, mais une combinaison qui reflète à la fois l'écologie locale, et les normes et croyances des participants, c'est-à-dire notre micro-situation.

DE LA SITUATION D'ACTION AU CADRE ÉLARGI DES SYSTÈMES SOCIO-ÉCOLOGIQUES

Certains d'entre nous travaillent depuis un certain temps dans un contexte plus large, pour des recherches sur la police, la forêt ou l'irrigation… Les forêts dans le monde font partie intégrante d'écologies et de sociétés particulières. Ce que nous essayons donc de faire est d'intégrer les résultats que nous obtenons au niveau micro dans les systèmes socio-écologiques plus larges que nous étudions. Je vais vous montrer ce cadre modifié qui pourrait représenter par exemple un lac, un océan, une forêt ou un étang, c'est-à-dire un système socio-écologique que nous considérons comme constitué de quatre éléments internes importants (figure 1.3).

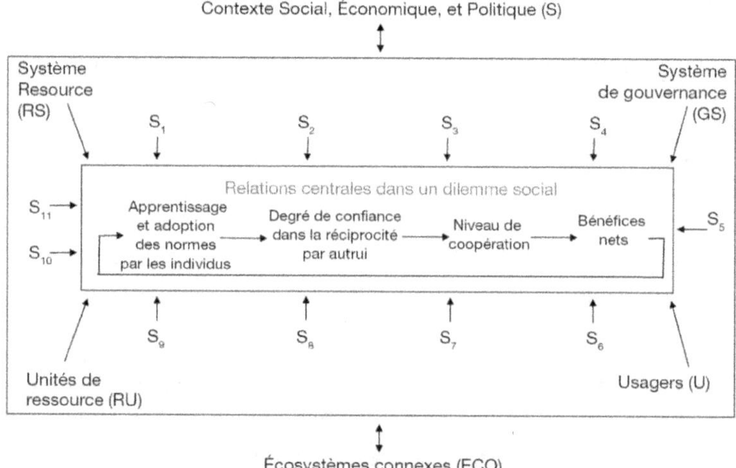

Figure 1.3. Contexte de système socio-écologique élargi affectant des micro-situations.
Source : Poteete *et al.*, 2010.

Nous pourrions réfléchir aux systèmes de ressources (RS) qui rassembleraient les caractéristiques d'une forêt, d'un système aquatique, d'une pêcherie ou de tout autre système qui nous intéresse, et à cette micro-situation que nous appelons une situation d'action. Celle-ci peut être modélisée mathématiquement en termes de jeu formel* ou en termes de situation d'action comme nous le faisons depuis 25 ans dans le cadre de l'*Institutional Analysis and Development (IAD)* que nous avons développé.

La structure de la situation d'action dépend également du système de gouvernance (GS) qui s'applique à cette zone, à ce problème particulier et à des acteurs (A). Lorsque les acteurs sont formés à coopérer entre eux, la situation est entièrement différente que lorsqu'ils sont en situation de compétition très forte et que l'interaction est alors très, très concurrentielle. Imaginez les interactions au sein d'une équipe de sport et la façon dont les membres ont été formés à interagir lorsqu'ils jouent au basket, au football, qu'ils font une course automobile, etc. C'est toute autre chose que lorsque les gens essaient de résoudre un problème ensemble et qu'ils essaient de coopérer plutôt que de rivaliser entre eux, mais la concurrence peut apparaître. L'être humain n'est donc pas que coopératif ou compétitif.

Nous sommes en train d'élaborer des définitions générales de tous les termes clés et de voir comment ils sont reliés entre eux.

Le contexte élargi influe sur la micro-situation et, dans le travail qui est en cours, nous tentons de réviser le cadre du système socio-écologique que nous avons développé afin d'inclure les résultats obtenus sur le terrain.

Les recherches menées sur les forêts et les ressources forestières, étudiées de façon approfondie, illustrent ces évolutions. Dans un programme de recherche de l'International Forestry Resources and Institutions (Ifri), nous avons mis en évidence un résultat très intéressant, à savoir que la nature du système de gouvernance formel n'est pas étroitement liée à sa performance sur le terrain (voir encadré Recherches de l'International Forestry Resources and Institutions). Nous avons trouvé une relation statistique très forte entre le contrôle par les usagers et l'augmentation de la densité des forêts. Dans ce cas, une variable inattendue (le contrôle par les usagers eux-mêmes), que nous avons commencé à mesurer très tôt sur le terrain, s'est avérée importante à chaque fois.

Nous avons ensuite étudié les forêts Ifri dans 14 pays différents et cela nous a permis de faire une analyse multivariée sur la base de variables diverses du cadre des systèmes socio-écologiques avec lequel nous travaillons. Coleman et Steed (2009) et Chhatre et Agrawal (2008) ont montré que, lorsque les groupes d'usagers locaux ont le droit de récolter, tout au moins certains produits, pas forcément du bois, mais des produits utiles, ils ont tendance à conserver la forêt en bon état. Et cela nous mène fréquemment au contrôle, et le contrôle une fois encore est une variable importante. Les décideurs politiques ont l'impression qu'il faut tenir les gens éloignés de la forêt pour la rendre durable. Ce n'est pas ce que nous constatons, il faut donc aborder certaines de ces questions avec beaucoup de précaution.

Dans une étude récente publiée dans les *Proceedings of the National Academy of Science*, Chhatre et Agrawal (2008) ont étudié les changements de conditions de forêts sur une période de cinq ans, sur la base d'entretiens avec les usagers et d'évaluations de spécialistes. Les forêts ayant une probabilité de régénération élevée – ce qui signifie que la forêt se régénère avec le temps – étaient souvent de taille petite ou moyenne, avec une valeur commerciale plus modeste, un contrôle et un suivi local important, et une action collective forte pour améliorer la qualité de la forêt.

Nous avons donc ce groupe de variables qui vont ensemble : contrôle et application des règles, densité et taille de la forêt (figure 1.4).

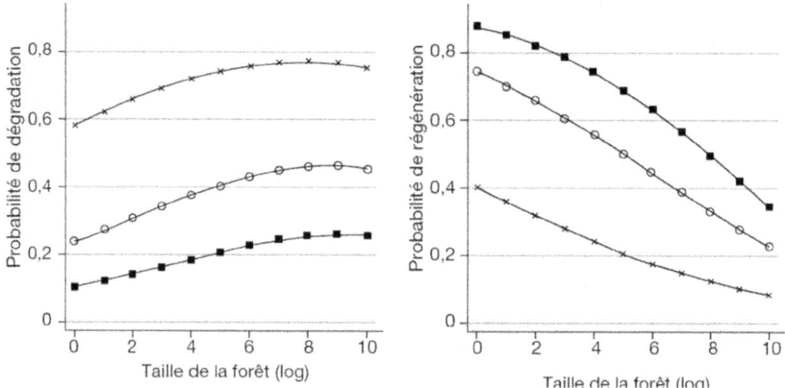

Figure 1.4. Relation entre la taille du commun forestier et les probabilités estimées de dégradation et de régénération, selon le niveau d'application des règles.
Chaque courbe représente la probabilité de dégradation (gauche) et de régénération (droite) suivant l'évolution de la taille de la forêt (en log) pour un niveau donné d'application des règles (légende), les autres variables dans le modèle étant à leurs valeurs médianes. À gauche, on indique la probabilité de dégradation en ordonnée. L'axe des abscisses représente la taille de la forêt. La courbe la plus haute correspond à l'absence totale de contrôle, la plus basse correspond à un contrôle strict. La probabilité de dégradation augmente donc avec la taille de la forêt, mais toute application des règles et tout contrôle par la population locale influent de façon très significative sur le niveau de dégradation. À droite, on représente la probabilité de régénération. On devrait observer le contraire et c'est le cas. Lorsque la forêt est bien contrôlée et les règles sont appliquées, la probabilité de régénération augmente à tous les niveaux de taille, mais moins dans les grandes forêts que dans les petites. Nous commençons donc à disposer de suffisamment d'études différentes pour pouvoir faire des analyses multivariées qui sont très importantes dans le temps. Source : Chhatre et Agrawal, 2008.

Au moment où j'ai écrit *Governing the Commons* (traduit par *Gouvernance des biens communs* en français) en 1990, j'avais postulé que les sanctions progressives et le contrôle par les usagers étaient importants pour des systèmes de gouvernance robustes. Les données confirment ce postulat encore et encore, ce qui fait plaisir ! Les sept autres principes directeurs cités dans *Governing the Commons* ont maintenant été passés en revue dans une étude de Cox *et al.* en 2010. Ils ont analysé 90 études différentes ciblant ouvertement les principes directeurs. Et ils ont fait du bon travail.

Mais revenons à cette notion de principes directeurs. Certains se demandent ce que ça signifie. Qu'est-ce que c'est qu'un principe directeur ? Et bien les sanctions progressives en sont un ; les systèmes qui deviennent robustes avec le temps sont fondés sur un genre de sanction progressive. Les règles de délimitation* (de la ressource, de la communauté) en sont un autre exemple. Il faut savoir que les règles de délimitation spécifique peuvent varier ; par exemple, un membre de votre famille doit avoir résidé dans une communauté depuis trois générations ou bien vous devez obtenir une autorisation ou bien vous devez avoir un diplôme universitaire etc. Nous avons trouvé 128 règles de délimitation différentes sur le terrain. Le principe directeur signifie que les usagers ont spécifié et se sont mis d'accord sur une règle de délimitation. La résistance des systèmes aux dérèglements s'en trouve accrue avec le temps, mais nous ne savons pas quelle est la meilleure règle de délimitation spécifique et je pense vraiment que nous n'en aurons jamais une car cela dépend énormément du type de ressource et du type de communauté.

Nous avons donc clarifié tout ceci et mes collègues ont modifié mon constat initial de trois façons :
– tout d'abord, ils se sont penchés sur les délimitations et se sont aperçus que je n'avais pas bien séparé l'idée de délimitation entre individus et les délimitations de la ressource physique même. Ils ont donc maintenant une règle de délimitation 1a et 1b afin de les préciser ;
– en ce qui concerne la congruence, ils font maintenant la distinction entre les règles congruentes avec les conditions locales sociales et socio-écologiques, et la distribution des bénéfices et des coûts. Ils ont donc apporté une précision supplémentaire ;
– en ce qui concerne le contrôle, ils ont inclus le contrôle de l'état de la ressource et des autres usagers.

Pendant vingt ans de recherche, un certain nombre de personnes ont soulevé des questions et tenté d'améliorer les réponses. Je suis très, heureuse de voir cette évolution. Leur article est publié dans *Ecology and Society* (Cox *et al.*, 2010).

Pourquoi ces principes directeurs sont-ils importants ? Ils font référence au problème de l'accroissement de la durabilité. Si les règles de délimitation et le contrôle sont précis, les participants peuvent être assurés que les règles opérationnelles* mises en place seront suivies par les autres, car les règles de délimitation sont connues et les usagers effectuent un contrôle. Ceux qui connaissent les effets des règles sont ceux qui les élaborent, ce qui augmente la durabilité. Le principe directeur concernant la résolution des conflits locaux – et il n'existe pas vraiment de groupe sans conflit occasionnel – permet aux gens d'exprimer et de résoudre ce conflit. La diversité des unités de gouvernance, emboîtées telles qu'on les décrit, est très importante en termes d'apprentissage, d'expérimentation et d'amélioration. Les grandes et les petites unités se renforcent mutuellement.

Je vais maintenant m'arrêter et je vous remercie d'avoir été si attentifs. Je suis prête à répondre à vos questions.

Merci beaucoup.

Recherches à l'International Forestry Resources and Institutions

Une de nos premières analyses au sein de l'Ifri s'est appuyée sur plusieurs centaines d'études et a porté sur les effets d'un statut formel des forêts protégées. Ce statut était-il associé à une plus grande densité de végétation ?

Il s'est avéré difficile de répondre à cette question en début de recherche quand nous ne disposions pas de données dans le temps. Heureusement, tout au début de notre travail, des gestionnaires forestiers professionnels ont évalué la densité ainsi que d'autres caractéristiques des forêts étudiées. Nous avons donc pu utiliser ces mesures pour comparer les forêts dans les cas où d'autres données écologiques n'étaient pas disponibles. La densité de la végétation d'une forêt a pu être estimée sur la base de toutes ses parcelles.

Nous avons donc étudié 76 forêts protégées jouissant d'un statut officiel de protection et vérifié soigneusement qu'elles étaient bien la propriété de l'État. Nous avons ensuite analysé les 87 autres forêts, dont certaines étaient la propriété de l'État, d'autres appartenaient au privé et d'autres à la communauté. En 2005, nous avons tenté d'expliquer la densité de végétation (de très éparse à très abondante), par diverses autres variables dont le statut de protection des forêts. Les résultats figurent ci-dessous.

Comparaison des évaluations de la densité de végétation dans 76 forêts protégées et 87 forêts hors zone protégée

	Densité de végétation				
	Très éparse	Diver-sement éparse	Moyenne	Abon-dante	Très abon-dante
Forêts protégées (N = 76)	13 %	21 %	36 %	26 %	4 %
Forêts hors zones protégées	6 %	22 %	43 %	26 %	3 %

Kolmogorov-Smimov Z score = 0,472, p = 0,979. Pas de différence significative. Source : adapté de Hayes et Ostrom (2005).

Si un étudiant en statistiques, présent ici aujourd'hui, est capable de trouver une différence statistique dans la densité selon les statuts des forêts, cela m'intéresserait beaucoup ; car tous mes étudiants sont affirmatifs, il n'y a aucune différence, et le Z-score[12] est bien une façon de le vérifier.

Et pourtant, la protection de l'État est perçue comme la solution… Les aires protégées, bien que j'en sois partisane lorsqu'elles sont établies dans le respect du citoyen, ne sont pas par essence la solution que l'on croyait. Si le statut officiel de protection n'est pas déterminant, la question se pose alors de ce qui l'est.

Nous avons trouvé plusieurs réponses, dont une qui a beaucoup surpris, car elle se rapporte au fait que les usagers se chargent eux-mêmes d'une grande partie du contrôle. Or si, dans un dilemme de premier ordre[*], les gens ne restreignent pas leur prélèvement, pourquoi investiraient-ils du temps et des efforts à se surveiller entre eux, ce qui constitue un dilemme de second ordre[*] ? Et pourtant, c'est bien ce que nous avons commencé à constater très claire-ment en 2005. Nous avions demandé aux personnes interviewées si elles contribuaient au contrôle et avons fait plusieurs visites dans le temps. Nous avons trouvé une relation statistique très forte entre les contrôles réguliers et la densité de la végétation. De nouveau, quand nous avons voulu évaluer l'importance du type de gestion formel, nous avons constaté à l'inverse que la relation statistique n'était pas claire entre les variables relatives au type de régime foncier forestier et les changements de densité forestière.

Lorsque les usagers s'investissent dans le contrôle, la différence observée dans l'état des forêts est énorme.

Dans un article du *Proceedings of National Academy of Science* en 2006, Harini Nagendra et moi-même (2006) avons publié des analyses temporelles des changements dans le diamètre moyen des arbres à 1,30 m, dans la surface terrière[13] et dans le nombre de tiges par unité de surface, qui sont toutes des variables clés prises en compte dans la littérature écologique. Nous avons analysé uniquement le type de régime foncier forestier et encore une fois nous n'avons trouvé aucune relation statistique. Nous avons ensuite vérifié que l'état des forêts étudiées était plus favorable si les usagers

---

12. Outil statistique qui permet de conclure à la significativité ou non d'un écart dans un profil donné. Le Z-score, qui est une grandeur sans unité, exprime l'écart par rapport à la valeur moyenne en déviation standard (ou encore écart-type). Un signe positif indique que la valeur mesurée est supérieure à la valeur moyenne cible. Ici, un Z-score de 0,472 signifie que la valeur mesurée est distante de 0,47 écarts-type de la valeur cible moyenne. Si Z est inférieur à 2 (avec une probabilité de 0,5 %), on peut conclure de la justesse de la valeur dans le profil considéré.

13. La surface terrière totale ou moyenne d'une aire forestière donnée peut être calculée par la somme des surfaces de la section de tronc mesurée à 1,30 mètre du sol de tous les arbres de

étaient ouvertement impliqués dans la mesure et le contrôle. Et là les résultats de l'analyse de variance (Anova)[14] que nous avons réalisée figurent dans le tableau ci-dessous.

Impact de la tenure officielle et du contrôle forestier sur l'évolution de l'état des forêts (Anova).

Variables indépendantes	Évolution du diamètre moyen à 1,3 mètre (DBH)	Évolution de la surface terrière	Évolution du nombre de tiges
Tenure (a)	F = 0,89	F = 2,52	F = 1,00
Engagement dans le contrôle des règles (b)	F = 0,28	F = 10,55 (**)	F = 4,66*

(a) Gouvernement, communautaire, privé. (b) Au moins un groupe d'usagers est impliqué dans un contrôle régulier des règles d'usage de la forêt. (*) significatif à 0,5 ; (**) significatif à 0,0. Source : Ostrom et Nagendra, 2006.

---

cette aire ; elle s'exprime habituellement en m²/ha de surface.

14. Technique statistique permettant de savoir si une ou plusieurs variables dépendantes (appelées aussi variables endogènes ou à expliquer), ici en colonnes, sont en relation avec une ou plusieurs variables dites indépendantes (ou variables exogènes ou explicatives), ici en ligne. On calcule les différentes variances pour chacun des échantillons à comparer, et on fait le rapport de la plus grande sur la plus petite, ce rapport est F. Cette valeur est comparée, dans une table dite de Hartley à une valeur théorique et doit lui être inférieure pour un seuil de risque choisi (ici 99 % et 50 %).

DES SYSTÈMES SOCIO-ÉCOLOGIQUES DURABLES

Elinor Ostrom était invitée à l'Unesco où, dans la grande salle de conférence, étaient majoritairement présents des chercheurs et des scientifiques des organismes internationaux et de l'administration française mais aussi diverses personnalités, députés ou journalistes. Dans cette enceinte et devant cette audience, après l'introduction de Irina Bokova, directrice générale de l'Unesco, Elinor Ostrom a centré son exposé sur le thème de l'interdisciplinarité, qu'elle aborde par les différents cadres de pensée qu'elle a produit au cours de sa carrière, en particulier le cadre de l'*Institutional Analysis and Development* et celui des systèmes socio-écologiques (*Social and Ecological Systems* ou *SES*).

Après avoir présenté ces cadres, Elinor Ostrom pose la question : quand et comment les usagers des ressources s'organisent-ils eux-mêmes ? Cette auto-organisation garantit-elle la durabilité des ressources qu'ils exploitent ? L'exemple qu'elle développe pour traiter cette question à l'aide du cadre des systèmes socio-écologiques est celui d'une pêcherie au Mexique. Elle montre que l'auto-organisation n'est pas suffisante pour garantir la durabilité, ce qui lui permet d'introduire les principes directeurs pour des systèmes socio-écologiques durables.

ELINOR OSTROM

Je vous remercie de l'invitation et suis ravie d'être là aujourd'hui. Je vais parler de toutes les questions qui se posent et de l'intérêt de développer une recherche sur les systèmes socio-écologiques.

Tout d'abord, nous devons constater que nous rencontrons des problèmes car nous avons des frontières disciplinaires dans notre manière d'étudier les systèmes socio-écologiques. Ils sont plus résilients que ce à quoi nous nous attendions, mais nous ne pouvons l'expliquer… Or, nous avons des connaissances en sociologie, en anthropologie et dans d'autres domaines. Ces apports disciplinaires sont nécessaires bien sûr, mais nous avons besoin d'utiliser notre connaissance pour traiter de problèmes politiques. Pour l'avenir, il est donc crucial de développer des approches analytiques qui mobilisent des connaissances disciplinaires tout en favorisant l'intégration de la compréhension interdisciplinaire, car nous devons éviter les « tours de Babel » académiques où chacun comprend ceux qui vivent dans la même tour, mais où on ne se comprend pas entre « tours » (de Babel). Comment faire cela ? En construisant un cadre commun et en l'utilisant pour élaborer et tester la théorie et les modèles des systèmes socio-écologiques. Je vais donc aborder avec vous aujourd'hui la question du cadre commun des systèmes socio-écologiques sur lequel j'ai d'abord publié un article en 2007 dans les *Proceedings of National Academy of Science* actualisé depuis dans *Science* en 2009. Pour cela, je dois au préalable fournir quelques précisions (encadré Cadre d'analyse, théorie et modèle). Dans la littérature, vous lisez quelquefois « regardez mon modèle en page 3 » et on trouve deux boîtes et une flèche, ou « regardez mon cadre d'analyse », et ce sont des équations !

Cadre d'analyse, théorie et modèle

Un cadre permet d'établir un ensemble de variables générales et leurs relations. Il est un langage commun comprenant une définition précise des variables et de leurs sous-variables, et au besoin de leurs sous-sous-variables. Et il peut être utilisé entre disciplines différentes pour traiter des relations possibles entre variables.

Une théorie suppose des relations de cause à effet entre les variables, aptes à générer des prédictions très générales.

Un modèle est l'application d'une théorie dans laquelle les conditions sont spécifiées et des prédictions précises sont faites pour une famille de modèles – qui peut aller de modèles simples à des choses de plus en plus complexes.

Ensuite, on va s'intéresser au cadre de l'*Institutional Analysis and Development* qui est centré sur l'analyse de « situations d'action »[*] (figure 2.1). J'ai consacré de nombreuses années à l'étude de ces situations d'action et, maintenant, l'*Institutional Analysis and Development* constitue un outil pour l'analyse de jeux, de situations expérimentales, d'études de cas. Il sert ainsi au développement de recherches destinées à recueillir des groupes importants de données comparables sur un ensemble commun de micro-variables présentées dans ce cadre. Un numéro de *Policy Studies Journal* de février 2011 est consacré à une revue de ce cadre, avec l'étude sur le terrain de situations d'action emboîtées, dans les services de police urbaine, les systèmes d'irrigation, les forêts et d'autres contextes. Il faut aussi noter que la structure interne des situations d'action aide à expliquer les résultats obtenus au niveau micro (figure 2.2)

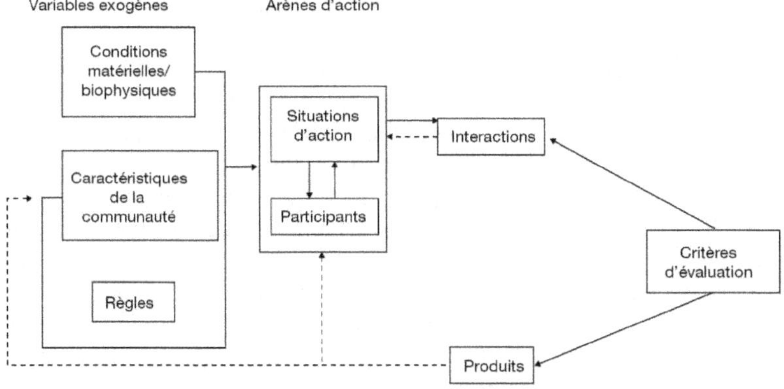

Figure 2.1. Un cadre d'analyse institutionnelle.
Source : d'après Ostrom (2005).

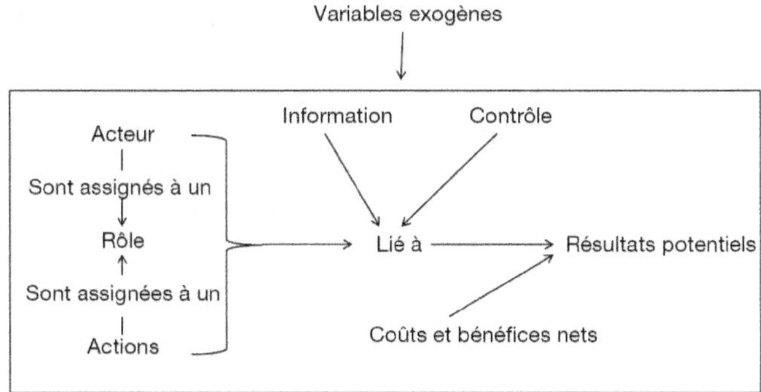

Figure 2.2. La structure interne d'une situation d'action.
Source : d'après Ostrom (2005).

Pour tester les observations de terrain, les deux principales méthodes utilisées sont la théorie des jeux et les expérimentations en laboratoire. Dans de nombreuses communautés locales (mais pas dans toutes), les utilisateurs ou les usagers de la ressource en limitent l'exploitation et se contrôlent mutuellement, à l'inverse des prédictions de surexploitation qui sont issues du modèle formel élaboré sur la base de la « tragédie des communs » (Hardin, 1968) et de la théorie du dilemme social (Ostrom *et al.*, 1992). Lors des expérimentations en laboratoire, sans communication entre participants, ceux-ci surexploitent la ressource bien plus que dans l'équilibre de Nash[*], alors que la communication en face-à-face permet aux participants de réduire l'exploitation et d'augmenter les gains individuels et collectifs. De même, on observe que, lorsque des règles de sanction sont introduites par les expérimentateurs, les participants réduisent l'exploitation, mais abusent de leur pouvoir de sanction sur les autres. La possibilité de communiquer sur l'utilisation des règles de sanction permet aux participants de parvenir à des meilleurs résultats collectifs (Janssen *et al.*, 2010).

Les expérimentations en laboratoire nous ont permis d'évaluer si la théorie des jeux mettait en évidence un comportement universel dans des situations de dilemme social. La réponse est non. Avoir la possibilité de communiquer (ou de concevoir ses propres règles) altère les prédictions de la théorie des jeux. Dans un laboratoire (qui représente une micro-situation), les participants utilisent ces possibilités de communiquer, de fixer des règles pour améliorer les résultats de façon considérable – ce qui s'observe dans de nombreux cas sur le terrain. Mais toutes les situations de terrain ne sont pas favorables à l'auto-organisation et à la durabilité. Cox *et al.* (2010) ont élaboré des bases de données visant à étudier un grand nombre de systèmes d'irrigation et sylvicoles pour tenter d'évaluer quelles variables plus générales influent sur les résultats observés.

Les trente années de recherche sur l'*Institutional Analysis and Development* nous ont permis de prendre conscience du besoin de développer notre propre langage méta-disciplinaire afin de proposer un large ensemble de variables structurelles qui influent sur les situations d'action, sur les interactions et sur les résultats qui en découlent. Pour cela, il était nécessaire de développer une méthode qui servirait à extraire les composantes communes d'un système socio-écologique[*] élargi déterminé, qui peut être un lac, un système d'irrigation, une pêcherie, une forêt voire l'atmosphère globale.

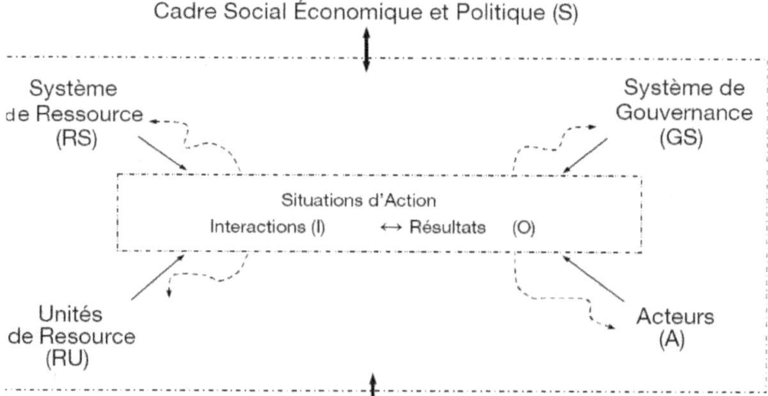

Figure 2.3. Des situations d'action imbriquées dans des systèmes socio-écologiques élargis (SSE).
Ces systèmes peuvent être ou sont composés d'un jeu de quatre systèmes internes à l'intérieur de deux systèmes externes. Source : d'après Ostrom (2005).

Ces systèmes socio-écologiques élargis sont des systèmes emboîtés complexes où, au sein de chaque grand système interne, se trouvent des variables multiples de second niveau (mais aussi de troisième, quatrième, cinquième niveau ou plus). Le second niveau est constitué de variables importantes qui sont liées à de nombreuses situations d'action potentielles qui influencent les interactions et les résultats. Établir progressivement une compréhension commune, au moins des variables des systèmes socio-écologiques élargis de second niveau, est très important pour améliorer la compréhension entre disciplines.

I2 – Partage de l'information entre utilisateurs
I3 – Procesaus de délibération
I4 – Conflits entre utilisateurs
I5 – Activités d'investissement
I6 – Activités des groupes de pression
I7 – Activités auto-organisatrices
I8 – Activités en réseau
I9 – Contrôle par les utilisateurs

O1 – Mesures de performance sociale
(ex . efficience, équité, obligation de rendre des comptes, durabilité)
O2 – Mesures de performance écologique
(ex. surexploitation, résilience, biodiversité, durabilité)
O3 – Externalités pour les autres SSE

Écosystèmes connexes (ECO)
ECO1 – Schémas climatiques. ECO2 – Schémas de pollution. ECO3 – Flux entrant et sortant de SSE déterminés.

*Sous-ensemble de variables associées à l'auto-organisation.

Figure 2.4. Variables de second ordre d'un système socio-écologique élargi.

Comment un tel cadre commun nous aide-t-il à comprendre des systèmes socio-écologiques élargis complexes ? Il nous aide à étudier des systèmes similaires qui partagent certaines variables et pas d'autres. Il évite ainsi la sur-généralisation (toutes les ressources devraient être la propriété du privé ou de l'État) ou les sur-spécifications (mon cas est différent du vôtre !). Afin de diagnostiquer pourquoi certains systèmes ne s'organisent pas ou bien s'effondrent avec le temps, nous devons étudier des systèmes quasiment similaires, examiner quelles sont les variables qui diffèrent et la façon dont ces différences influent sur les interactions et les résultats dans le temps.

Mais pour mener une recherche de qualité, nous devons choisir la question avec soin. Une question d'importance est la suivante : quand les utilisateurs et les usagers des ressources communes vont-ils s'auto-organiser ?

Garrett Hardin nous répond « jamais » ! Et de nombreuses politiques sont basées sur cette conclusion : les gouvernements doivent imposer des solutions uniformes pour toutes les forêts, ou pêcheries, ou réseaux hydrographiques sous leur juridiction. Avec beaucoup d'échecs – et quelques succès...

Mais alors, quand les usagers eux-mêmes s'organisent-ils ? Et pourquoi certaines organisations sont-elles pérennes alors que d'autres s'effondrent ? Pour répondre à ces questions, nous devons savoir comment remettre à jour et actualiser la théorie de l'auto-organisation. Supposons que chaque acteur collectant une ressource compare les bénéfices attendus de son exploitation sous les règles opérationnelles existantes – par exemple l'accès libre – avec les bénéfices espérés sous de nouvelles règles opérationnelles. Chaque usager i doit se demander si son incitation à changer de règles (D) est positive ou négative. Si D est négatif pour tous les utilisateurs, il n'y aura aucun changement dans les règles. Les bénéfices perçus doivent donc être supérieurs aux coûts perçus pour une coalition d'acteurs minimale et gagnante. Mais notons que les bénéfices et les coûts individuels spécifiés dans un modèle formel sont extrêmement difficiles à mesurer sur le terrain.

Pour relier cette question au cadre d'analyse proposé, comment pouvons-nous utiliser la théorie pour étudier de multiples cas de façon rigoureuse, s'il est impossible de mesurer les coûts et les bénéfices au niveau individuel et de les agréger ?

Notre approche actuelle s'inspire de nombreuses études empiriques qui identifient plusieurs variables de second niveau : trois variables relatives au système de ressource (RS), une variable relative aux unités de ressource (RU), cinq variables relatives aux acteurs (A) et une variable relative au système de gouvernance (GS). Elles sont marquées d'un astérisque sur le tableau des variables de second niveau (figure 2.4). Ces variables identifiées sont potentiellement pertinentes pour diagnostiquer la probabilité d'une auto-organisation des usagers.

Comme nous l'avons mentionné, l'information quantitative sur les bénéfices et les coûts spécifiques pour des utilisateurs donnés est rarement disponible. Cependant, nous montrons ici une utilisation du cadre où, avec un bon travail de terrain, il a été possible d'estimer les différences entre trois cas de pêcheries du golfe de Californie au Mexique. Ces différences ont été estimées sur la base d'un groupe clé de variables analogues à celles marquées d'un astérisque dans le cadre de la figure 2.4. Ce travail a été publié en 2009 (Basurto et Ostrom, 2009).

Les deux systèmes socio-écologiques élargis de Peñasco et de Seri se sont auto-organisés (voir tableau suivant) et on peut observer leur similarité pour la plupart des variables. On peut noter que le leadership local (A5) est absent à Kino, comme sont absentes la confiance et la réciprocité (A6), alors que la ressource (RS3) y est bien plus importante. Mais les indicateurs de productivité du système (RS5) sont plus faibles à Kino que dans les deux autres villages et la prédictibilité du système (RS7) y est aussi inférieure. Le système socio-écologique élargi de Kino est donc vraiment différent des deux autres, même sans mesurer de façon quantitative des variables importantes.

Comparaison des variables censées affecter la probabilité d'auto-organisation : trois pêcheries côtières dans le golfe de Californie

	Kino	Peñasco	Seri
Acteurs (A)			
A1 (nombre d'acteurs)	Croissance rapide	Croissance rapide	Croissance lente
A5 (leadership local)	Absent	Présent	Présent
A6 (normes de confiance et de réciprocité)	Manquantes	De haut niveau	De haut niveau
A7 (connaissance locale et modèles mentaux partagés)	Manquants	De haut niveau	De haut niveau
A8 (dépendance à la ressource)	Faible	Élevée	Élevée
A9 (technologie utilisée)	Similaire	Similaire	Similaire
Système de gouvernance (GS)			
GS4 (droits de propriété formels)	Absents	Absents	Présents
GS5 (règles opérationnelles)	Présentes	Présentes	Présentes
GS8 (contrôle et sanction)	Pratiquement absents	Présents dans l'ensemble	Présents dans l'ensemble
Système de ressource (US)			
RS3 (taille de la ressource)	Importante	Peu importante	Peu importante
RS5 (indicateurs de productivité)	Peu disponibles	Moyennement disponibles	Le plus souvent disponibles
RS7 (prédictibilité)	Peu prévisible	Moyennement prévisible	Moyennement prévisible
Unités de ressource (RU)			
RU1 (mobilité de l'unité de ressource)	Faible	Faible	Faible
Succès de l'auto-organisation	Non	Oui	Oui

La baie de Kino est en régime d'accès libre. À plusieurs reprises, nous avons compté plus de 70 bateaux, un symptôme de l'impuissance des locaux à contrôler l'accès des autres pêcheurs. Le résultat de ce régime d'accès libre est la surexploitation de leur pêcherie de pinnes marines (un mollusque sessile qui vit dans le sable). Dans ce contexte, la surexploitation se manifeste par l'incapacité des pêcheurs à maintenir une récolte constante de mollusques toute l'année avant qu'ils ne deviennent trop rares et trop petits.

Dans le village Seri de Punta Chueca (qui signifie la pointe crochue), les pêcheurs parviennent à pérenniser leur pêcherie. Ils ont développé un régime de propriété commune pour gérer leur pêcherie de pinnes marines et sont parvenus à contrôler le nombre de bateaux ayant accès à leurs sites de pêche. On ne voit jamais plus de 10 ou 15 bateaux à moteur hors-bord sur leurs sites de pêche (Basurto et Ostrom, 2009).

On observe que les deux systèmes socio-écologiques élargis de Peñasco et Seri sont auto-organisés mais on peut se demander s'ils sont durables. L'auto-organisation est-elle suffisante ? Non ! Ainsi la pêcherie Seri est durable mais pas celle de Peñasco. Que se passe-t-il donc ?

L'organisation d'un groupe d'usagers établissant ses propres règles opérationnelles est le résultat d'une situation d'action de choix collectif. Le suivi de ces règles dans le temps est une situation d'action opérationnelle pour les usagers. Ainsi, les usagers de la pêcherie de Peñasco ont mis en place une réserve de pêche. Le succès de la réserve établie à Peñasco a attiré des pêcheurs venus de très loin, qui avaient surexploité et détruit leurs propres pêcheries. Le gouvernement mexicain, qui a soutenu les droits de certaines communautés autochtones à établir leurs propres règles, n'a pas soutenu le droit des pêcheurs de Peñasco à définir leurs règles d'exclusion.

Nous avons défini des principes directeurs clés pour la durabilité de la gestion d'un système socio-écologique élargi dès 1990 :
– des limites clairement définies concernant les acteurs et les ressources ;
– une structure de règles montrant une congruence entre bénéfices et coûts d'une part et d'autre part les conditions locales ;
– des acteurs disposant de procédures pour établir/élaborer leurs propres règles, soit un dispositif de choix collectif ;
– une surveillance et un contrôle régulier des acteurs et de l'état de la ressource ;
– des sanctions progressives/graduelles ;
– des mécanismes de résolution des conflits ;
– des droits d'organisation reconnus par le gouvernement et l'environnement externe, pour une prise en compte minimale ;
– une gestion se faisant par un système imbriqué/emboîté d'organisations.

On observe que les trois derniers principes directeurs clés pour des systèmes socio-écologiques élargis durables étaient absents dans le cas de Peñasco.

Les principes directeurs (*design principles*) sont un sujet de recherche important et des résultats récents peuvent être cités. Cox *et al.* (2010) ont passé en revue plus de 90 études (réalisées par d'autres chercheurs dans le monde entier) pour vérifier si les principes directeurs allaient de pair avec des systèmes de gouvernance des ressources effectivement durables. Ils ont trouvé que ces études allaient largement dans le sens des principes mentionnés. Ils ont aussi proposé une meilleure formulation de trois des huit principes afin que les facteurs écologiques (comme les délimitations physiques des ressources) ne soient pas confondus avec les facteurs sociaux (comme l'appartenance au groupe)[15]. Les prochaines étapes qui seront cruciales dans l'agenda de recherche consisteront à :

– effectuer dans la durée une recherche sur des sites multiples afin d'évaluer quelle combinaison de variables est associée à des conditions sociales et écologiques pérennes ;

– cibler les ressources communes à petite et moyenne échelles ;

– identifier les attributs essentiels des systèmes socio-écologiques élargis dans les domaines de la forêt, de l'eau et de la pêche, et les étudier en profondeur par le biais de méta-analyses et de nouvelles études de terrain ;

– approfondir l'analyse des études de cas existantes et développer de nouvelles recherches ;

– travailler avec des collègues en France, en Allemagne, aux Pays-Bas, en Norvège, en Suisse et en Suède afin de réviser graduellement le cadre et de l'améliorer ;

– développer des définitions claires de termes clés pour parvenir à un langage interdisciplinaire commun ;

– poser les fondements pour des applications théoriques et des études empiriques futures. On a un énorme besoin d'étudier les systèmes socio-écologiques élargis dans le temps ! Et il nous faut identifier des propositions qui soient robustes à l'égard des divers systèmes de ressource à différentes échelles.

Et pour cela les suggestions de nombreux scientifiques sont les bienvenues ! Merci.

---

15. Note des coordinateurs : la dernière partie de la conférence d'Elinor Ostrom a abordé l'importance du contrôle par les populations locales, développée à partir d'études sur de nombreuses forêts dans le monde. La question du contrôle par les populations locales a été traitée avec plus de détails lors de la conférence au Corum à Montpellier. Nous l'avons retirée de ce chapitre.

ÉCHANGES AVEC LE PUBLIC

Un débat a été organisé avec le public lors des deux conférences à Montpellier et à l'Unesco. Les réponses les plus marquantes données par Elinor Ostrom ont été traduites et regroupées par thème.

LES RESSOURCES ET LES RÈGLES

LE PUBLIC

Vous parlez des ressources comme quelque chose de donné, comme un stock ou un capital, avec lequel il faut faire au cours du temps de façon à le faire durer, le rendre pérenne, ne pas l'exploiter, ne pas le faire disparaître. Mais si l'on considère que les ressources ne sont pas un stock ou un capital donné mais vont être une propriété émergente de ces interactions au sein du système socio-écologique tel que vous en parlez, quelles sont les possibilités de faire émerger les ressources de demain ? Par la production de connaissances, par la production de technologies, par un autre regard sur les éléments et d'autres usages ? S'agit-il alors de considérer qu'une dynamique qui implique des règles et des principes va aussi devoir s'adapter en fonction de la transformation de ce qui fait ressource ?

ELINOR OSTROM

Pour les eaux souterraines que j'ai étudiées, la régénération de la ressource en eau peut être améliorée de diverses façons, mais beaucoup moins que dans le cas des forêts, où les usagers des forêts peuvent vraiment modifier fortement cette régénération par la plantation ou en établissant des réserves.

Et bien sûr, nous ne devons pas penser à une ressource comme une donnée. Oui, les humains ont la capacité d'innover, de concevoir, de créer, et les institutions que nous utilisons peuvent renforcer cette capacité ou, à l'inverse, donner aux individus des incitations à ne pas agir à long terme. De sorte que si certaines règles vont dans le sens de renforcer la contribution, l'investissement des individus, il est important que ces règles soient efficaces pour favoriser une croissance de la ressource et sa durabilité à long terme.

LA DYNAMIQUE DES RÈGLES

LE PUBLIC

Vous avez souligné l'importance de la création, de la constitution de règles pour la gestion des « ressources communes ». Mais quelles sont les variables qui jouent sur la dynamique des règles ? Est-ce que le marché n'effacerait pas l'action collective ou des règles établies dans le passé ? Quel est le rôle des leaders pour l'action collective ? Quelle est l'importance des conditions de la délibération entre usagers dans cette évolution des règles ?

ELINOR OSTROM

Les trois éléments mentionnés sont différents processus évolutifs que nous ne pouvons pas tous explorer dans le temps de cette conférence. Les marchés ne sont pas toujours des processus indésirables et toute action collective n'est pas nécessairement bonne. Nous devons sortir de cette façon de penser et essayer de comprendre que le fait d'utiliser le marché comme seule institution est potentiellement plus défavorable que recourir à une institution complexe.

L'action collective et les communs sont considérés par certains comme un système traditionnel où les gens ne disposent pas d'une propriété claire des ressources et qui est fragilisé dès que quelqu'un de l'extérieur offre de l'argent et convertit en valeur monétaire ce qui n'avait pas de prix. Je ne veux pas que nous pensions à un contexte toujours aussi défavorable, mais je suis actuellement préoccupée par le programme REDD de réduction des émissions liées à la déforestation et à la dégradation des forêts, établi dans le cadre de la Convention climat en 2008 pour lutter contre le réchauffement climatique. Il repose sur le présupposé qu'il serait possible de stopper les acteurs impliqués dans la déforestation en les payant pour arrêter de déforester ou pour avoir des activités alternatives. C'est d'une immense et coûteuse naïveté, parce que les mesures liées au programme REDD ne contribuent pas à réduire la déforestation en premier lieu et peuvent même conduire à l'augmenter dans certaines régions, ou à remplacer les forêts par des plantations ailleurs. Elles peuvent donc être inefficaces et réduire effectivement la diversité des forêts.

Sur le rôle du marché, la question de la commercialisation des ressources appréhendée comme un danger pour le maintien de ressources communes renvoie à la question du système de prix. Il y a probablement plus de pêche dans certaines zones que ce qui est durable. Mais nous devons réfléchir à des cas où valoriser une ressource commune à venir aide les acteurs à maintenir cette ressource et à ce qui se produit si cette valeur diminue.

Les leaders peuvent avoir une influence majeure sur l'action collective. Pour ma propre thèse intitulée « L'entreprenariat public » (Ostrom, 1965) et basée sur les travaux de Schumpeter, j'ai regardé des particuliers qui essayaient de créer des instruments publics dans un contexte très difficile, avec plus de plus de 700 acteurs investis dans la production d'eau. Pour certaines nappes d'eau souterraine en Californie du Sud, il n'y avait pas de bons leaders et les producteurs n'ont pu s'auto-organiser. Mais l'auto-organisation n'est pas automatique. Elle s'appuie sur des personnes qui identifient des opportunités futures et consacrent du temps et de l'énergie pour le faire. Il est important de reconnaître que des leaders peuvent y jouer un rôle très positif. D'un autre côté, certains leaders peuvent trouver des moyens d'articuler les règles pour favoriser une exploitation minière du système à leur profit et vous devez être sensibilisés à ce phénomène répandu.

LA POLYCENTRICITÉ

Le public

Avez-vous introduit dans vos recherches les systèmes de gestion européens ?

Elinor Ostrom

Je suis très, très heureuse d'être associée à des collègues du Cirad comme d'autres collègues du monde entier, dont Fikret Berkes, qui ont fait des recherches ici en Europe. Certains de mes collègues de l'IASCP ont noté que l'Union européenne a essayé d'avoir des règles uniformes pour tous les États et, en particulier, pour la politique commune des pêches.

Mais instaurer des règles uniformes pour la Méditerranée... ou l'Arctique repose sur l'hypothèse que la structure de la régulation peut avoir des effets pervers sur la probabilité que ces règles s'ajustent à un contexte donné. Un travail considérable a été fait sur ce sujet. Audun Sandberg a analysé une variété de pêcheries et de systèmes côtiers (Sandberg, 1994), et il existe des travaux importants sur ces sujets, ici même au Cirad.

Il est aussi important de s'intéresser à l'échelle de régulation et au pouvoir que détient le régulateur. Ce que j'appelle un système polycentrique est un système organisé en divers niveaux où interagissent des grandes, des moyennes et des petites unités. D'une part, si nous supposons un système qui présente peu de diversité dans les modes d'exploitation (par exemple constitué de grosses unités) et qui est régulé selon une seule règle uniforme, peut se poser le problème d'une écologie qui diffère de façon notable entre les lieux d'exploitation.

D'autre part, si nous allons vers un système composé de nombreuses petites unités, dans le cas de la pêche, des forêts, de l'eau ou d'une autre ressource, l'un des avantages des systèmes polycentriques est l'expérimentation. Car différentes petites unités vont essayer différentes choses et, s'il y a une bonne communication entre elles, elles pourront apprendre les unes des autres. Ce qui peut signifier de l'innovation et des progrès, au fur et à mesure que des acteurs différents vont apprendre, faire mieux et transmettre cette information. Mais certaines petites unités peuvent échouer définitivement, d'autres non, et il est alors important qu'il y ait des unités plus larges qui puissent prendre le relais. En outre, s'il n'y a pas de niveau supérieur, on peut observer des cas de corruption au niveau local, ou de capture par une certaine élite, qui finissent notamment par étouffer l'innovation. Avoir des unités à diverses échelles peut donc conduire à un système beaucoup plus robuste au fil du temps.

LE COÛT DE L'INACTION

LE PUBLIC

La question suivante porte sur le coût de l'action par rapport au coût de l'inaction, c'est-à-dire de ne rien faire. Pourquoi pensez-vous que le rapport Stern[ψ] sur le coût de l'inaction a eu si peu d'incidence sur la décision ?

ELINOR OSTROM

L'un des problèmes est que le coût de l'inaction n'est pas comptabilisé dans votre revenu annuel, ni dans les rapports mensuels des agences de suivi, ce qui pose problème quand on essaie sérieusement de réfléchir à ce qu'il y a à faire pour atteindre la durabilité. On le perçoit dans des discussions du type : « Et les gars, si nous n'améliorons pas le système d'irrigation, peut-être que nous pourrions attendre encore un an ; mais si nous ne le faisons pas cette année ou l'année prochaine, la prochaine fois que nous aurons une mauvaise tempête, elle va lessiver l'ensemble du système et, au lieu de devoir passer deux semaines de travail acharné pour le réparer, nous aurons six semaines de dur labeur. » Eh bien voilà, quand les gens sont familiers avec les risques que fait courir une absence d'action et qu'ils peuvent communiquer entre eux, alors ils peuvent traduire ce coût de l'inaction en des termes qui sont significatifs pour eux, comme le travail dans le cas de l'irrigation, il s'agit de semaines de travail à assurer au printemps pour réparer les canaux ou les prises d'eau ; ou de l'impôt à payer si vous n'agissez pas, ou encore de l'investissement à faire aujourd'hui plutôt que d'attendre cinq ans et risquer de subir des dommages importants. Mais ce coût n'est pas toujours facile à évaluer, et voici où les connaissances autochtones sont importantes.

Quand vous étudiez les systèmes d'irrigation en profondeur comme je l'ai fait, vous constatez que les agriculteurs qui ont construit leurs propres systèmes, dans les collines et les montagnes du Népal, ont des connaissances d'ingénierie incroyables qui ne sont pas dans les manuels. Donc, ils ont appris toutes sortes de moyens simples pour résoudre des problèmes complexes. Et, s'ils le font chaque année, le système peut perdurer. L'un des dangers est ainsi, pour les systèmes d'irrigation au Népal comme pour de nombreux systèmes autochtones du monde entier, que si certains ont été étudiés par de bons anthropologues, beaucoup n'ont jamais été étudiés. On ne sait donc pas comment les gens ont maintenu un système donné pendant 2 000 ou 5 000 ans.

Nous aurons une énorme perte de connaissances si nous ne sommes pas plus conscients de la sophistication des règles que les populations autochtones ont développées et si nous ne les retranscrivons pas afin que ces connaissances puissent être utilisées comme base de l'apprentissage à l'avenir.

LE PLURALISME ET LA CULTURE

LE PUBLIC

Dans votre cadre d'analyse, vous traitez du niveau de la coopération[*], de confiance, de long terme. Comment vos études prennent elle en compte le fait que différents groupes sociaux vont avoir différentes façons de penser ces choses-là : la coopération, la confiance, la planification ? Comment les différences culturelles sont-elles prises en compte dans votre cadre ?

ELINOR OSTROM

C'est la raison pour laquelle nous faisons un va-et-vient entre un cadre général qui inclut des variables identifiées au premier, deuxième, troisième, quatrième et cinquième niveaux, et la collecte de données empiriques. Dans nos études sur les forêts, certains collègues ont été affligés par l'épaisseur de notre manuel de collecte de données. Parce que nous essayons de considérer certaines de ces différences et de comprendre les normes et les moyens culturels d'interagir et que cela ne peut être fait avec juste deux ou trois questions. Un bon anthropologue culturel qui est vraiment intéressé par les règles, les traditions, les connaissances et le contexte peut passer une année complète de travail sur le terrain à étudier deux ou trois communautés, puis y revenir plusieurs fois, et donc y consacrer une immense quantité de temps et d'énergie. Avec le développement du cadre du système socio-écologique, nous espérons maintenant que nous pourrons, lentement mais sûrement, élaborer un langage que des économistes, des sociologues, des écologues, des anthropologues, des historiens, des géographes pourront utiliser de façon similaire.

Actuellement les recherches sont souvent réalisées sur des variables très semblables mais nommées différemment, de sorte que les chercheurs ne peuvent ni communiquer ni développer un langage commun. En y travaillant lentement mais sûrement et en identifiant, au fil du temps, les niveaux concernés pour reconnaître ce qui est important dans le monde réel, nous finirons par avoir un langage plus approprié et complexe.

Pensez aux niveaux que nous utilisons pour décrire l'humain dans le cadre des systèmes socio-écologiques élargis. Linné a établi un système de classification du vivant assez simple au début et, au fil du temps, des niveaux supplémentaires et des ajouts ont augmenté la complexité de ce système. Ce qui a permis de disposer des arguments nécessaires pour qualifier un oiseau particulier, le différencier d'un autre oiseau, ou identifier si une espèce en précède une autre. Nous avons maintenant au moins un langage de classification qui permet d'organiser ces arguments, ce qui ne s'est pas fait en un clin d'œil… Le cadre des systèmes socio-écologiques n'est pas définitif car nous l'améliorons et nous le modifions. En utilisant notre cadre de systèmes imbriqués, un collègue Ulrich Frey à Giessen en Allemagne est en train de faire une analyse statistique des données que nous avons sur 250 systèmes d'irrigation au Népal, depuis la base originale de données pour obtenir plus de détails sur les variables des différents niveaux. Nous voulons un langage simple pour répondre à certains besoins, par exemple identifier s'il existe des règles de délimitation et y répondre par oui ou non, si c'est ce que nous devons savoir. Mais, dans d'autre cas, nous aurons besoin de savoir si cette délimitation est une limite physique ou si elle est instituée par un système qui évolue et peut modifier la délimitation au fil du temps ; ce qui la rend beaucoup plus difficile à contrôler qu'une limite physique comme les limites des nappes d'eaux souterraines qui sont assez stables dans le temps, du moins en Californie.

Avec ce cadre, il s'agit donc de comprendre ces règles limites et de donner des réponses aussi simples que possible sur le fait de savoir si elles jouent ou non un rôle pour conduire à un long terme durable. Nous ne voulons pas ajouter de la complexité inutilement. Mais nous devons parfois détailler pour ne pas faire de recommandations basées sur des concepts simplistes.

LES RELATIONS DES INDIVIDUS AVEC LE POUVOIR

LE PUBLIC

Vous parlez de l'individu comme acteur de base du modèle, or les individus ont des inégalités de richesse, de pouvoir, d'influence. La question est donc celle de la domination et de la lutte entre les individus pour le pouvoir. Votre notion d'individu n'évacue-t-elle pas trop facilement ce problème du politique dans le partage des biens communs ?

ELINOR OSTROM

Lorsque nous sommes en laboratoire pour des expérimentations, avec 5 joueurs ou 10 ou 20 ou 100 ou 150, nous pouvons changer la structure du jeu de sorte qu'ils soient tous égaux ou non. Nous venons de faire une série d'expériences conçue sur la base des notions, développées par Mancur Olson, du roi et des patrons : le roi étant la personne qui a probablement plus d'intérêt à maintenir les travailleurs et les paysans au même endroit, pour maximiser le prélèvement sur leur travail, par opposition aux patrons qui peuvent tout simplement se déplacer ailleurs et n'ont pas vraiment d'intérêt à maintenir le travail à long terme. Nous avons examiné des jeux où les gens agissent de manière séquentielle, et d'autres où ils agissent simultanément. Nous leur avons donné différents pouvoirs sur ce qu'ils peuvent faire de manière séquentielle. Et, lorsque nous donnons la capacité résiduelle au cinquième joueur, pour être ce que nous appelons dans notre théorie un roi, ce joueur peut littéralement prendre presque ce que tout le monde a épargné et, au fil du temps, son action conduit à de moins en moins de ressources à prélever. La puissance de l'un utilisée de façon irresponsable conduit alors les autres joueurs à ne pas épargner, ni à conserver les ressources, et la situation de tous empire. Nous avons observé cela dans un environnement de laboratoire et tenté de le faire sur le terrain où il est assez difficile d'obtenir une mesure réelle et précise du pouvoir.

En considérant les agents de l'administration publique qui ont le pouvoir de prendre des mesures et de les appliquer, il est important de comprendre s'ils ont les connaissances nécessaires pour le faire et s'ils connaissent l'impact de ces mesures sur les autres acteurs. Nous sommes dans un domaine qui a déjà été défriché et les chercheurs n'ont pas à être aussi hardis pour aborder ces questions que nous devions l'être il y a trente ans. Mais il y a encore beaucoup à faire, donc, si des questions importantes sont à explorer, faites-le !

LES RESSOURCES DU GLOBAL AU LOCAL

LE PUBLIC

Existe-t-il selon vous des ressources qui doivent être gérées de manière communautaire ? Y a-t-il urgence à établir dès aujourd'hui des législations globales pour gérer des ressources rares ? Si l'on fait référence à vos recherches dans le cadre du climat, qu'est-ce qu'un bien commun national ? Un bien mondial ?

ELINOR OSTROM

Si nous devons attendre que les dirigeants internationaux trouvent une solution pour résoudre le problème climatique, alors bonne chance ! Je suis très découragée car nous pensons que c'est leur problème et nous ne reconnaissons pas que cette situation est liée à de multiples externalités* qui opèrent à de multiples échelles. On a des externalités positives pour le climat quand une famille utilise des bicyclettes et la marche au lieu d'utiliser une voiture à chaque fois qu'ils doivent faire une course ou rendre visite à quelqu'un ; et cela va aussi améliorer leur état de santé. Si une famille investit aussi dans des moyens de réduire l'utilisation de l'électricité ou d'autres énergies, elle peut réduire l'émission de gaz à effet de serre et aussi améliorer la vie de la famille. Si une petite communauté trouve des moyens de permettre aux personnes qui investissent dans l'énergie solaire de vendre leurs excédents à la communauté, alors la communauté n'aura pas à investir dans de nouvelles installations et la collectivité en bénéficiera. Cela ne signifie pas qu'il n'y a pas de global, mais les bénéfices globaux sur le climat ne sont pas les seuls. Et mon argumentation porte sur une vision polycentrique de la question du climat.

Soyons conscients que nous pouvons obtenir de nombreux avantages pour des populations, si nous agissons à partir d'une échelle réduite et atteindre au fur et à mesure une échelle plus large. Cela ne signifie pas que nous devons renoncer à l'international, mais nous devons renoncer à recourir seulement à l'international. Nous devons faire pression sur les négociateurs internationaux, mais plus nous pourrons agir à d'autres échelles, comme le font déjà des villes en Europe, plus nous pourrons montrer que cela est possible.

LE PARCOURS ET L'INTERDISCIPLINARITÉ

LE PUBLIC

En tant que professeur de sciences politiques, l'attribution du prix Nobel d'économie pour vos travaux va-t-elle changer le monde de la science

économique, en particulier vers une compréhension du contexte de l'économie dans la société ?

ELINOR OSTROM

J'ai été très heureuse de suivre à l'UCLA un premier cycle de programme de formation très interdisciplinaire qui incluait la théorie économique. Lors de mes études supérieures, j'ai été suivie pour ma thèse par un comité qui incluait un économiste, un sociologue et un ingénieur hydrologue. Un groupe de professeurs abordait des questions sur l'organisation métropolitaine en croisant l'économie et les sciences politiques, mais nous n'avions pas cette séparation entre les deux disciplines. Lorsque j'ai commencé à enseigner dans un département de sciences politiques, où j'avais de merveilleux collègues, mais avec une vision plutôt étroite, et peu différente de celle de ma formation initiale en économie, mes discussions avec des collègues plus expérimentés me poussaient à ne pas intégrer l'école du *Public Choice* dont Vincent Ostrom était l'un des premiers présidents. Je m'y suis impliquée en dépit de l'avis des politologues. J'ai donc été préparée très tôt à être interdisciplinaire et à surmonter le problème d'être une jeune membre du corps professoral à qui la faculté demandait de ne pas l'être. J'ai pu le surmonter et continuer… Car j'étais têtue.

Quant au changement de la science économique, cela dépend davantage des jeunes présents dans le public de cette conférence que de moi. J'ai 77 ans. Je travaille toujours, j'enseigne toujours, j'écris toujours, mais je ne serai plus productive que quelques années. Ce sont les jeunes qui ont 25 ou 50 ans devant eux, donc beaucoup de temps, s'ils travaillent ensemble et essayent de réfléchir comment croiser les disciplines, comment utiliser plusieurs méthodes et traiter ces questions. Y a-t-il un problème près de là où vous êtes né et avez grandi ? Y a-t-il quelque chose près d'ici que vous pourriez être en train d'étudier ? Que pourriez-vous faire en un an à l'étranger ? Et faites-le.

Nous avons ainsi la possibilité de produire un énorme changement, bien mieux qu'avec n'importe quelle personne sur cette estrade…

ENJEUX ET ANALYSES SCIENTIFIQUES

Le voyage d'Elinor Ostrom a été l'occasion d'un échange direct avec les chercheurs qui travaillent en France sur les sujets qu'elle aborde. Pour organiser cette interaction, nous avons préparé des ateliers de travail, un à Paris à propos de l'économie solidaire qui a donné lieu à de nombreuses publications, et un autre à Montpellier dont nous rendons compte ci-dessous. Au préalable, nous avons demandé aux candidats de soumettre un texte court sur leurs travaux et les questions qu'ils désiraient poser à Elinor Ostrom. Après avoir éliminé les propositions clairement hors sujet, nous avons rassemblé les chercheurs qui nous paraissaient poser des questions sur le même thème et nous les avons invités à préparer des questions et une synthèse commune. C'est ainsi que quatre groupes ont été créés sur les thèmes du changement d'échelle et gouvernance, de l'engagement d'acteurs hétérogènes dans l'action collective, du rôle du capital social, et enfin des postures et des actions des chercheurs. L'atelier de travail a duré une demi-journée, Elinor Ostrom répondant aux questions posées par chaque groupe. Ces discussions ont donné lieu à des synthèses que nous présentons dans cet ouvrage. Nous avons indiqué en note de bas de page les noms des auteurs, ainsi que le titre de la communication sur laquelle ils avaient été sélectionnés. Chacun des textes présentés fait une analyse des travaux d'Elinor Ostrom sur un domaine de recherche, puis développe les arguments qui mènent à la formulation de questions précises. Les réponses fournies par Elinor Ostrom, abordant fréquemment plusieurs questions, ont été regroupées dans un dernier chapitre.

CHANGEMENT D'ÉCHELLE ET GOUVERNANCE

Tenir compte de la question de l'échelle est probablement l'un des plus grands défis pour la recherche sur les systèmes socio-écologiques et pour la science de la durabilité en général. Les études de systèmes socio-écologiques sont souvent menées à une échelle relativement locale, et les chercheurs ont tendance à cibler et à concentrer leurs efforts sur les forêts communautaires, les systèmes d'agriculture familiale, les pêcheries artisanales, etc. Ainsi, les efforts en matière de recherche ont jusqu'à présent principalement mis l'accent sur l'échelle de la communauté. Si ces recherches ont fourni des connaissances importantes sur les régimes de propriété commune et sur les manières dont les usagers s'organisent pour gérer les ressources qu'ils utilisent, la compréhension des dynamiques des systèmes socio-écologiques et des options de gouvernance (c'est-à-dire les principes de ce qui fonctionne ou pas pour maintenir une ressource) qui est produite à partir de ces études pourrait ne pas être suffisante pour répondre à certains des défis actuels liés aux ressources naturelles.

Les chercheurs[16] ont interrogé Elinor Ostrom sur la nécessité d'aller au-delà de l'échelle locale de la communauté dans la recherche sur les systèmes socio-écologiques. Trois questions ont été identifiées. La première question porte sur la possibilité de transférer au niveau global les leçons qui ont été tirées des recherches menées au niveau local, tant pour le fonctionnement de situations d'action que pour les principes directeurs. Les seconde et troisième questions concernent la reconnaissance des atouts d'une gestion et d'une conservation des ressources par des systèmes divers reposant sur,

---

16. Les chercheurs participant au groupe « Changement d'échelle et gouvernance » ont rédigé des présentations de leurs travaux : Elin Enfors (UR Green, Cirad, Stockholm Resilience Center). On the issue of scale in resource management and governance systems ; Vincenzo Lauriola (INPA, Brésil). Terres indigènes, propriété commune, pluralisme juridique et durabilité. Les aires protégées en Amazonie brésilienne entre opportunités et risques d'ethnocentrisme ; Gérald Orange (Université de Rouen). Une gouvernance démocratique nouvelle pour la gestion des ressources naturelles : la création de fondations souveraines ? Thierry Ruf (IRD). Crafting the institutions of irrigation at the XXᵉ century, according to the principles of Elinor Ostrom, is it still relevant in 2010?

ou articulé avec des communs, et le rôle de la recherche pour appuyer cette pluralité institutionnelle.

Ces interrogations renforcent le besoin de comprendre la dynamique de systèmes socio-écologiques qui fonctionnent en réseau, et les voies pour identifier des modalités de gouvernance dont l'humanité a besoin pour maintenir dans l'avenir les ressources et les services écosystémiques associés. Au centre de ces questions, se pose celle du modèle de gouvernance du local au global et de la reconnaissance des arrangements qui viseront à articuler différents acteurs et divers niveaux de décisions.

Les travaux d'Elinor Ostrom ont introduit une compréhension des situations locales de gestion de ressources naturelles, basée sur le comportement d'acteurs usagers de ces ressources qui construisent collectivement un cadre d'interactions et des règles « en usage ». Ce cadre leur fournit, dans un contexte donné, des incitations à se comporter dans le sens défini. Cette approche a été novatrice dans le sens où ces situations locales de gestion de ressources n'étaient pas très visibles entre une gestion privative des ressources, *doxa* d'une analyse relayée par les organisations internationales et les opérateurs du développement, et une gestion publique, longtemps dominante et de plus en plus remise en cause.

Mais cette analyse est aussi applicable au-delà du local, pour la gestion de communs globaux comme le climat par exemple, pour lequel Elinor Ostrom, émettant des doutes sur l'instauration de politiques efficaces et justes au niveau mondial, préconise plutôt d'« adopter délibérément une approche multi-niveaux et [de] commencer par agir au niveau local » (Ostrom, 2009, 2012a). Cette approche présenterait ainsi, selon elle, deux avantages, d'abord d'avoir des impacts positifs à plusieurs échelles et ensuite d'apprendre des politiques mises en œuvre aux différentes échelles.

Elinor Ostrom souligne « qu'il est malheureusement impossible de définir de façon générale la structure qui permet de renforcer la coopération ; ce sont les nombreuses caractéristiques spécifiques du problème à résoudre qui vont réellement déterminer ce qui a une chance de marcher [...]. Les nombreux travaux de recherche empirique sur l'action collective ont souligné la corrélation entre le succès de l'action collective et la nécessité d'un lien de confiance et de réciprocité entre les participants. Or si la seule politique de lutte contre le changement climatique était celle mise en œuvre au niveau mondial [...], comment être sûr que l'entreprise ou le citoyen à l'autre bout du monde fait bien la même chose que nous et agit pour le bien de l'environnement ? [...]. La possibilité de vérifier, de suivre ce qui se passe est cruciale dans ce genre de dynamique » (Ostrom, 2012a).

Elle fait alors l'hypothèse que « pour construire cet engagement (de réduire les émissions individuelles) » et « répandre l'idée que l'on peut faire confiance aux autres pour prendre leurs responsabilités, [...] des unités de gouvernance de petite et moyenne taille, liées par des réseaux d'information, et par un suivi de ce qui se passe à tous les niveaux », permettront d'y parvenir plus efficacement (Ostrom, 2012a).

Selon Elinor Ostrom, il n'existe pas d'arrangements parfaits pour la gouvernance et elle milite pour un pluralisme de fait. Toutes les institutions de gouvernance prises isolément sont des réponses imparfaites aux défis posés par des problèmes d'action collective. L'hétérogénéité sociale doit être reconnue et la diversité institutionnelle est nécessaire pour sa prise en compte. Avec ses collègues, elle avance que c'est dans l'interaction entre des institutions à différents niveaux que ces imperfections peuvent être réduites (la polycentricité). Il ne faut pas considérer l'organisation des institutions de gouvernance comme un ensemble de poupées russes emboîtées, mais plutôt comme un enchâssement de relations complexes entre des acteurs agissant à différents niveaux. Certaines institutions peuvent être généralistes, d'autres très spécialisées, des redondances peuvent exister. Le résultat, en termes de dynamique du système social et écologique, déprendra de la dynamique entre ces institutions hétérogènes (Andersson et Ostrom, 2008).

VERS UN MODÈLE DE GOUVERNANCE DU LOCAL AU GLOBAL

La mondialisation n'est pas un phénomène nouveau, mais son rythme et son étendue ont augmenté rapidement au cours du siècle dernier (Rockström *et al.*, 2009 ; Steffen *et al.*, 2007). Cette nouvelle ère géologique – l'Anthropocène – fait apparaître l'humain comme la force principale modifiant le système Terre (Folke *et al.*, 2011). Ainsi, les ressources naturelles, comme la quantité ou la qualité des services écosystémiques présents à un endroit, sont de plus en plus fortement influencées par des actions, des décisions et des processus intervenant ailleurs sur la planète, comme par divers changements environnementaux globaux. On peut citer, par exemple :
– la demande croissante de soja en Europe qui conduit à la déforestation en Amazonie (Nepstad *et al.*, 2006) ;
– de nouveaux marchés pour les produits de la mer au Japon qui induisent une pression accrue de la pêche sur la côte nord-américaine (Berkes *et al.*, 2006) ;
– les changements dans l'utilisation des terres dans les régions côtières de la Chine et de l'Afrique de l'Ouest qui augmentent le risque de modifier le régime des précipitations plus à l'intérieur (Keys *et al.*, 2012) ;
– et le changement climatique mondial qui va probablement, dans les décennies à venir, réduire de façon sensible les rendements des productions agricoles pour des millions de petits exploitants à travers l'Afrique subsaharienne (Jones et Thornton, 2003).

La grande accélération humaine signifie aussi que les gens du monde entier sont devenus plus mobiles, des niveaux élevés d'exode rural ont été observés au cours du dernier demi-siècle. Par conséquent, les systèmes de subsistance et les moyens en ressources et en revenus se diversifient, et de plus en plus de personnes dépendent des ressources/revenus générés au-delà de leurs écosystèmes locaux (Ellis, 1998).

En d'autres termes, les ressources locales ne sont plus locales, mais affectées par des phénomènes globaux : changements environnementaux, réseaux commerciaux à grande échelle, préférences alimentaires dans d'autres pays, etc. Ces liens complexes entre les facteurs de changement, les ressources et les utilisateurs-usagers impliquent qu'un nombre croissant de systèmes socio-écologiques sont de plus en plus « connectés » et moins limités ou confinés spatialement, et donc plus « en réseau ». Cela pose de nouveaux défis, tant pour comprendre comment ces systèmes fonctionnent que pour les gérer de façon durable. Ni des approches de gouvernance trop locales, ni des approches trop globales ne paraissent suffisantes pour répondre aux nouveaux défis de l'Anthropocène et il s'agit donc de développer des modèles de gouvernance qui soient vraiment imbriqués à différentes échelles.

Ce besoin de nouveaux modèles de gouvernance devient particulièrement évident dans les cas où ces liens complexes entre facteurs de changement, ressources et usagers sont médiés par des acteurs qui interviennent à plusieurs échelles, comme par exemple des sociétés multinationales qui exploitent les ressources naturelles et dessinent, depuis plusieurs décennies, un métabolisme social et économique Nord-Sud. Les ressources naturelles du Sud sont exploitées pour les marchés du Nord, et les populations locales sont affectées par des dommages graves (déplacements, chantage, voire terreur), ainsi que par la pollution des sols, de l'air et de l'eau. Cependant, les conflits découlant de l'exploitation des ressources naturelles par le biais de la privatisation et des mécanismes de marchés contrôlés par les sociétés multinationales ne sont plus une prérogative du Sud : ces dernières années, ils ont également commencé à affecter les pays et les peuples du Nord (encadré Des conflits concernant l'exploitation des ressources).

VERS UNE RECONNAISSANCE DU RÔLE DES COMMUNS POUR LA CONSERVATION

La question de l'échelle est aussi un des défis majeurs dans la tentative de s'inspirer des études sur les systèmes socio-écologiques pour définir l'agenda actuel du développement durable. En effet, on constate un écart croissant entre des solutions locales, inspirées par de bonnes pratiques, des *success stories* de la gestion des ressources naturelles basées sur les communs, et des solutions de plus en plus globales s'appuyant sur des mécanismes définis au travers de l'agenda climatique. La déforestation tropicale donne une parfaite illustration de cette incohérence du local au global.

La déforestation tropicale, en Amazonie et ailleurs sur la planète, est le résultat complexe de nombreux facteurs et variables. Cependant, elle est souvent présentée comme résultant d'un déséquilibre entre d'un côté des valeurs marchandes réelles (et privées) basées sur la demande existante de matières premières (*drivers* économiques) et de l'autre l'absence de valeur économique réelle pour des services écosystémiques (fondamentalement communs). Les analyses montrent des taux de déforestation qui suivent les prix des matières premières sur les marchés mondiaux. Les propositions de solutions actuellement dominantes, tels que les paiements pour services environnementaux s'appuyant des programmes de réduction de la déforestation évitée (REDD+), ont une dimension globale et marchande, et sont inspirées par la nécessité de donner une valeur globale aux services écosystémiques au travers de nouveau marchés « verts » ou des valeurs « écologiques ».

Or des suivis par imagerie satellitaire montrent que les aires protégées ont pu constituer des barrières efficaces à la déforestation en Amazonie. Et cela s'observe non seulement dans les aires de conservation stricte gérées par l'État (un quart des aires protégées), mais aussi dans les zones indigènes et d'autres zones traditionnellement habitées, soit trois quarts du territoire amazonien légalement protégé. Ces zones sont gérées sous forme de communs qui sont reconnus au travers de droits attribués, de cadres institutionnels établis ou encore d'accords. Les fonds de l'État et des projets de conservation privilégient une conservation ascendante et centralisée. Avec des investissements beaucoup plus faibles, une conservation basée sur l'humain et fondée sur les communs est souvent écologiquement plus efficace. Mais elle manque de visibilité et subit la pression des modèles et des politiques traditionnels de conservation, qui reposent sur le « mythe moderne de la nature sauvage », donc sans hommes, ou sur des modèles comme les paiements pour services environnementaux, notamment dans le cadre de la REDD, en dépit de leur rejet croissant par les indigènes, les populations forestières et d'autres mouvements sociaux ruraux au Brésil et en Amérique latine.

Ainsi, ce nouveau contexte nous oblige à trouver des moyens novateurs pour étudier la dynamique des systèmes socio-écologiques et à développer des arrangements institutionnels nouveaux pour atteindre un développement durable.

Des conflits concernant l'exploitation des ressources : au Nord, le cas de l'eau

Des scénarios futurs sur la rareté de l'eau sont établis au Canada comme dans certains États des États-Unis avec des conséquences dramatiques pour l'agriculture. Au Canada, des communautés d'agriculteurs sont confrontées aux pressions de sociétés multinationales sur des gouvernements locaux (tels que Nestlé dans la province de l'Alberta) pour introduire une nouvelle régulation du marché de l'eau. Dans le contexte d'une concurrence future accrue pour l'allocation d'une ressource en eau devenue rare, cette régulation agirait au détriment de ces gouvernements locaux et en faveur des compagnies pétrolières, qui utilisent de très grandes quantités d'eau pour exploiter les champs pétrolifères de sables bitumineux. À la suite de ces pressions, la province de l'Alberta a déjà engagé des réformes juridiques séparant les droits de l'eau des droits fonciers, et ouvrant la voie à de futurs marchés de l'eau ; en Europe, les directives communautaires ont inspiré des législations nationales favorisant la privatisation des services d'approvisionnement en eau. En Italie, elles ont été contestées par une mobilisation sociale et deux référendums nationaux en 2011 qui ont reconnu l'eau comme un bien public et commun et ont refusé sa privatisation.

L'ENGAGEMENT D'ACTEURS HÉTÉROGÈNES DANS L'ACTION COLLECTIVE

À l'issue de discussions sur la relation entre les décisions d'individus et leurs interactions dans des situations d'action collective, des chercheurs[17] de différentes disciplines (économie, sociologie, géographie, sciences de l'eau) ont identifié trois questions. Elles s'inscrivent dans la continuité des travaux d'Elinor Ostrom et concernent des aspects auxquels ces spécialistes ont été confrontés au cours de leurs propres recherches. Le point central en est l'engagement et apparaît comme associé au cadre conceptuel posé par Elinor Ostrom. À partir de ce travail collectif, les chercheurs ont formulé trois ensembles de questions.

– Sur la pluralité des valeurs de ceux qui s'engagent : lors d'une décision collective, comment peut-on gérer la présence d'une pluralité d'acteurs qui ont non seulement diverses stratégies, mais aussi des valeurs ou des modes d'apprentissage différents ? Comment concevoir l'action collective sans tomber dans les extrêmes du relativisme et de l'égalitarisme ?

– Pour faire face à l'engagement de l'autre : comment un individu interprète-t-il les signaux qui émanent des autres individus ou du groupe ? La confiance favorise-t-elle la réciprocité ou est-ce la réciprocité qui engendre la confiance ?

– Sur l'engagement du scientifique : quelle est votre expérience et votre posture sur la dialectique entre recherche analytique et recherche-action ? Faut-il proposer des instructions relatives à l'éthique ?

---

17. Les chercheurs participant à ce groupe ont rédigé des présentations de leurs travaux : Collectif Green (Cirad), Analyse d'une trajectoire de recherches sur la gestion des ressources renouvelables en référence aux travaux d'E. Ostrom ; J. Rouchier (Greqam, CNRS), Coopératives informelles : modélisation de la préférence pour autrui , E. Sabourin (UMR ArtDev Cirad), La réciprocité dans la gestion des ressources communes ; O. Barreteau, A. Richard-Ferroudji (Irstea, UMR Eau), Fleshing participant in action situations with their moral capacities and familial ties ; M. Willinger (Université Montpellier 1, Lameta), Cooperation and coordination in clubs ; P. Courtois, R. Nessah, T. Tazdaït (Université Montpellier 1, Lameta), How to play the games? Nash versus Berge behavior rules.

Elinor Ostrom a construit son œuvre sur la gestion des biens communs en cherchant à comprendre les choix des individus dans le cadre des institutions qu'ils créent collectivement. Ainsi, à partir des nombreux cas d'étude documentés à travers le monde, elle a montré que des facteurs dans l'environnement local des individus, propriétés de l'institution créée, ont un fort impact sur leurs décisions, et en particulier sur leur adhésion aux règles collectivement établies. Ces facteurs sont le retour marginal sur investissement, – l'assurance qu'une part suffisante des résultats de l'investissement individuel à l'action collective reviendra au contributeur –, la construction d'une réputation des personnes engagées (par répétition de l'interaction), un engagement sur le long terme, la capacité d'entrer ou de sortir d'un groupe, la possibilité de communiquer, la taille du groupe, l'information à propos des contributions des autres, l'existence de sanctions proportionnées et l'hétérogénéité des bénéfices et des coûts (figure 1.2). Ces facteurs, dont certains se rapportent au mode de calcul de l'individu et d'autres aux propriétés de l'institution, permettent d'augmenter les chances de succès de la gestion d'un bien commun, dans la mesure où les individus seront plus enclins à s'y engager en leur présence.

Pour Elinor Ostrom, c'est la confiance qui permet d'articuler le calcul individuel et l'engagement dans un collectif. Rationalité individuelle, relation avec les institutions et confiance sont les trois points que nous développons brièvement ici, en préalable à l'élaboration des questions.

Depuis le début de ses travaux, Elinor Ostrom a souhaité proposer une formalisation alternative à la théorie du choix rationnel, qui s'est révélée peu adaptée pour prévoir ou comprendre les comportements individuels dans le cadre d'actions collectives (Ostrom, 1990, 1998). Elle considère que le modèle classique, où l'individu est un simple maximisateur d'utilité*, n'est pas à rejeter dans toutes les analyses puisqu'il permet d'expliquer les comportements dans des situations de compétition ou de concurrence. Cependant, adoptant une approche originale en économie, Elinor Ostrom considère que, pour comprendre des choix qui ne relèvent pas de ces situations particulières, il est nécessaire d'enrichir la notion de rationalité en développant une véritable famille de modèles de décision, qui s'appuient sur une conception plus large des comportements, des institutions et de leur contextualisation.

Elle fait l'hypothèse que les individus agissent en situation d'information incomplète, qu'ils sont doués de capacités d'apprentissage et que les caractéristiques de la situation d'interaction (en particulier les normes en vigueur, mais aussi l'histoire des relations) dans laquelle ils sont plongés sont des facteurs à prendre en compte pour comprendre les décisions des acteurs. Face à des dilemmes sociaux, en particulier face à la constitution ou à la gestion de biens communs, on peut observer des choix très différents de ceux anticipés par la théorie du choix rationnel qui commanderait d'agir sans se soucier des autres ou sans anticiper une coopération potentielle. Dans ces situations, l'institutionnalisation de l'action collective apparaît souvent comme la réponse la plus adaptée, des règles étant établies pour sécuriser les actions individuelles. Pour un individu, s'engager dans une action collective peut revêtir plusieurs formes qui ne sont pas exclusives : agir selon les règles du groupe, contribuer à la création ou à l'adaptation de ces règles ou encore produire les conditions dans lesquelles ces adaptations peuvent se faire.

Ce cadre de l'*Institutional Analysis and Development* (figure 2.1) fournit dorénavant un cadre de méta-analyse pour analyser des cas d'études. Après avoir analysé une multitude de cas d'étude, Elinor Ostrom a combiné plusieurs outils pour affiner son modèle conceptuel : théorie des jeux[*], simulation de systèmes complexes et économie expérimentale.

Au centre de sa réflexion, Elinor Ostrom promeut une forme de subsidiarité : les ressources doivent être gérées par les institutions les plus locales possibles dans le cadre d'un emboîtement des institutions (polycentricité). Ce sont ces diverses institutions qui permettent de sortir du cadre de la compétition pure entre individus. En synthèse de son travail empirique, elle propose une formalisation à travers le cadre de l'*Institutional Analysis Design* qui incite à identifier et à caractériser une arène d'action. L'analyse est celle d'une structure d'interaction dont les propriétés, en termes d'acteurs, de rôles, d'ensemble d'actions possibles et de résultats potentiels, conduiront ou non les individus à coopérer. Même si elle élargit le cadre de l'individu rationnel classique, les participants sont supposés agir de manière stratégique, capables de calculer *ex ante* les conséquences de leurs actions dans la situation d'interaction du collectif.

La question fondamentale de l'engagement pour un individu est celle de la croyance dans le fait que les autres vont « jouer le jeu » et coopérer au sein de l'institution, au-delà de leurs intérêts strictement individuels. Pour Elinor Ostrom, c'est la confiance qui joue ce rôle, et elle en fait le point central de son modèle : grâce à cette confiance dans la coopération au sein de l'institution, l'individu pourra s'engager dans l'action collective et persister dans cet engagement. Elle souligne malgré tout la nécessité d'une réflexion sur les éléments de contexte plus général qui affecteront la situation au niveau local, et influenceront ainsi l'individu dans sa décision et le niveau de confiance qu'il peut avoir. Cette question est aujourd'hui un champ de recherche qui s'ouvre.

LA PLURALITÉ DES VALEURS DE CEUX QUI S'ENGAGENT

D'autres approches que celle d'Elinor Ostrom abordent la question de l'action collective pour la gestion d'un bien commun (Sabourin *et al.*, 2003). Elles se situent en amont du problème de la résolution du dilemme. Avant de s'intéresser au problème de savoir si des individus coopéreront ou pas, se pose la question de leur capacité à comprendre toutes les dimensions de leurs actions mutuelles sur l'environnement commun et des différentes représentations qui président à leurs actions. C'est un modèle de relation des personnes entre eux et avec le monde qui les entoure. Ces approches alternatives amènent ainsi à prendre en compte, parmi les déterminants d'un processus de décision, le système de valeurs qui conduit un individu d'une organisation sociale donnée à se faire une représentation, en particulier de ce qui est « bien », et à agir en conséquence. Un sociologue dirait que les participants ont la capacité morale de défendre ce qu'ils estiment juste ou injuste dans des situations d'action, par la capacité qu'ils ont de faire référence à plusieurs cadres de valeurs et en se situant par rapport à l'histoire de leurs relations à leur environnement social. À propos de la mise à l'épreuve de valeurs, un économiste soutenant une perspective évolutionnaire ferait l'hypothèse que les normes sociales et les préférences morales sont les « bonnes » attitudes pour obtenir le succès dans un grand nombre de situations sociales. En ce sens, la préférence morale est vue comme une préférence pour une action morale, et non comme une préférence pour un résultat moral. Ces représentations alternatives ne sont pas seulement des représentations du bien commun ou de l'environnement mais aussi des représentations des autres, du groupe social.

L'objet de recherche est plus celui des relations entre les hommes à propos des choses (en l'occurrence le bien commun) que celui des relations entre des hommes avec les choses dans un contexte collectif. Les règles de choix décrivant les actions individuelles dans une situation d'interaction ne seront plus confinées dans un registre calculatoire mais prendront en compte ces autres dimensions, mettant à l'épreuve des valeurs ou cherchant à satisfaire leur réalisation dans les interactions.

Ce point de vue sur les situations d'action collective suscite quelques questions lorsqu'on le confronte au cadre de l'*Institutional Analysis and Development*. Ce cadre présuppose en effet qu'une situation de décision collective est caractérisée par des individus qui suivent des règles qui les aident à faire des choix collectifs face à certaines situations (tels des dilemmes qui peuvent être récurrents ou contextuels). Cependant, les individus apparaissent implicitement équivalents dans ce processus, ce qui est une hypothèse relativement restrictive : non seulement les individus peuvent avoir des objectifs variés, mais ils peuvent aussi être hétérogènes dans leur capacité à saisir le cadre de l'action collective, avoir des définitions différentes de la justice d'un jugement, ou même des expériences personnelles très diverses de ce que doit être le collectif ou dans leur relation avec l'objet partagé. Les contradictions dans les motivations, les rapports de pouvoir, des visions culturelles opposées sur le sens de l'action collective sont autant de causes de malentendu, de blocage, d'exclusion du processus d'action collective, événements qui peuvent rendre les décisions illégitimes.

FACE À L'ENGAGEMENT DE L'AUTRE

Si l'on considère que les agents s'engagent en agissant avec le groupe, en faisant confiance aux règles et au fait que les autres les respecteront, ils doivent aussi réviser leur confiance ou leur acceptation des règles quand un événement anormal ou imprévu apparaît. Le cadre de l'*Institutional Analysis and Development* n'est pas totalement explicite sur l'impact des résultats d'une situation d'action sur l'attitude que les individus auront vis-à-vis de la même situation dans le futur. Il repose également sur l'hypothèse que les participants ont une perspective large sur les résultats de leurs actions possibles, par leur connaissance des règles et des réponses de l'environnement (physique et social). Comment un individu pris dans une action collective interprète les actions d'un autre participant ? Quelles sont ses capacités à recevoir, puis à décrypter les signaux envoyés par les autres participants ?

L'observation des actions des autres ne suffit pas pour décider si ceux-ci jouent au passager clandestin (*free-riding*) ou s'ils sont incapables de participer au bien commun malgré leur bonne foi. Identifier un échec collectif comme l'agrégation d'échecs individuels, comme un échec du groupe ou comme un manque de bonne volonté des autres aura une grande influence sur les choix à venir. Cette question de l'interprétation du signal émis par l'« autre » se pose en pratique lors de l'utilisation de méthodes.

Une des méthodes souvent employée pour analyser les interactions consiste à formaliser une situation d'action à travers des modèles multi-agents. Quand on conçoit un modèle agent, quelle profondeur dans la capacité d'interprétation des actions des autres faut-il choisir pour les agents ? Une autre méthode consiste à organiser des expériences économiques ou psychologiques dans lesquelles les sujets de l'expérience sont le plus souvent rendus anonymes. Cela rend l'interprétation de l'action de l'autre encore plus difficile.

Une partie des réponses à ces questions reposent sur le concept de confiance. D'autres auteurs ont développé la notion de réciprocité. Pour Elinor Ostrom, la confiance favorise la réciprocité, alors que, dans la théorie de la réciprocité, ce sont les relations réciproques et symétriques qui vont engendrer la confiance. La principale différence tient au fait que, pour la théorie de la réciprocité, la confiance, la réputation (le prestige) sont des valeurs éthiques produites par les relations de réciprocité symétrique en fonction d'un projet de société communautaire, fondé sur l'intérêt des hommes à vivre ensemble avant de faire produire la nature ensemble.

Dans l'analyse d'Elinor Ostrom, le rapport à la nature détermine le rapport des hommes entre eux. Le fait que la terre nourrisse les hommes induit que ceux-ci s'approprient la terre et la gèrent collectivement en fonction de la nature de la ressource. Ce sont les attributs des biens qui détermineraient le comportement des humains. Dans la théorie de la réciprocité, c'est l'inverse : ce sont les relations entre les hommes qui peuvent permettre de définir la propriété comme responsabilité sociale, associant ainsi le bien approprié à une fonction sociale : la rivière irrigue la terre, la terre produit les vivres. Mais la relation à la nature est subordonnée à la relation entre les hommes : la rivière irrigue les terres de tous, la terre produit les vivres pour tous.

Malgré des évidences empiriques d'une part et une intuition récurrente autour de la relation intime entre réciprocité, confiance et réputation d'autre part, Elinor Ostrom reste dans les limites du cadre utilitariste qu'elle donne à la gestion communautaire* et à sa régulation. Alors qu'on peut imaginer que réciprocité et confiance se renforcent de façon dynamique, les conséquences de l'application de ces deux théories, en termes de méthodologie et de gouvernance, sont très différentes. En suivant la théorie de la réciprocité, on analyserait les structures de partage et on fonderait les institutions de gouvernance sur ces relations de réciprocité, tandis que, pour Elinor Ostrom, on cherche à créer des institutions et à assurer la confiance, par le respect de la règle.

L'ENGAGEMENT DU SCIENTIFIQUE

Les chercheurs ici rassemblés pratiquent différents types de recherche. D'un côté, se développe une recherche analytique utilisant des modèles théoriques abstraits, en créant des cadres basés sur des données empiriques et en les testant. Idéalement, une approche analytique pure se doit de déterminer *ex ante* les paramètres décrivant une arène d'action et ses situations d'action, et d'explorer les combinaisons que cela peut générer. Certains parmi nous conduisent ce type d'expériences sur le terrain, ce qui pose des questions éthiques : dans de nombreuses situations, cette méthodologie semble offrir les moyens de produire des éléments contrefactuels pertinents en ce qui concerne l'action collective. Alors que ces expériences ont des propriétés très intéressantes en termes scientifiques, elles peuvent présenter plusieurs inconvénients éthiques (manipulation, tendance à être invasives...) qui peuvent constituer des obstacles moraux. Comment le chercheur doit-il gérer ce genre de questions empiriques ? Doit-il sacrifier partiellement la pertinence scientifique afin de favoriser un traitement éthique des répondants, ou au contraire favoriser l'objectivité scientifique, en tentant de construire un savoir qui peut être préjudiciable sur le court terme mais éventuellement positif sur le long terme ?

D'un autre côté, pour d'autres chercheurs, la recherche sur l'action collective est difficile à séparer de l'action collective elle-même. Une approche réellement intégrée crée des situations, à travers des exercices de simulations ou d'analyse prospective, au sein d'une action collective afin de générer des débats et de collecter de nouvelles connaissances. Le scientifique et le savoir qu'il produit sont engagés dans ce processus. La porosité entre le monde académique et le monde étudié pose plusieurs questions éthiques et pratiques, telles que la difficulté à revenir en arrière ou les effets secondaires incontrôlables qui peuvent apparaître dans la société. Cela pose aussi la question de la valeur scientifique du savoir généré.

CAPITAL SOCIAL ET ACTION COLLECTIVE

Les travaux d'Elinor Ostrom sur la gestion des « ressources communes » (*Common-pool resources*) ont mis en évidence l'importance d'une nouvelle voie de coordination, entre État et marché, par des individus capables de s'auto-organiser et de s'auto-gouverner.

Ils posent la question des institutions les plus appropriées pour favoriser la coordination et la communication entre acteurs. Ces institutions sont conçues comme un ensemble de règles formelles et informelles structurant l'action collective, c'est-à-dire façonnant les interactions entre les acteurs. Le modèle *Institutional Analysis and Development Framework*, proposé face à la variété des situations dans lesquels les êtres humains interagissent, vise à comprendre les interactions entre acteurs et leurs conséquences dans divers cadres (interactions au sein de marchés, de familles, de communautés, d'organisations, d'agences gouvernementales...). Les travaux des groupes de chercheurs[18] associés à Elinor Ostrom ont mis en évidence que les utilisateurs/usagers de ressources s'organisaient avec succès, mettant ainsi en question la présomption selon laquelle il n'est pas possible pour des utilisateurs de régler (de façon autonome) les dilemmes sociaux auxquels ils sont confrontés.

Les notions de capital social et d'action collective sont au centre de ces recherches (Ostrom *et al.*, 1994). En effet, pour Elinor Ostrom, un groupe, une communauté organisée, ayant su développer une confiance mutuelle, générée par des communications « en face-à-face » et des relations informelles, est capable de mettre en œuvre une coordination efficace

---

18. Les chercheurs participant à ce groupe ont rédigé des présentations de leurs travaux : S. Mignon (MRM, Université Montpellier 2), A. Mazars-Chapelon (MRM, Université Montpellier 2), P. Chapellier (MRM, Université Montpellier 2), A. De Romemont (UMR Innovation, Cirad), G. Faure (UMR Innovation, Cirad), C. Janicot (MRM, Université Montpellier 2). Les transferts de connaissances support d'apprentissage : une dimension essentielle d'émergence d'un capital social ; D. Naziri (Cirad-Moisa), M. Aubert (Inra-Moisa), J.-M. Codron (Inra-Moisa), T. L. Nguyen (Vaas-Favri), P. Moustier (Cirad-Moisa). The role of collective action in ensuring food safety in vegetables: A case study in peri-urban Hanoi Vietnam ; D. Sibony (Escem). Revisiter le don à la lecture du capital social.

et durable. Cette coordination nécessite des transferts de connaissances, des échanges d'informations et des traductions à différents niveaux. En d'autres termes, ces interactions qui sont régies par des normes, des règles et des croyances partagées forment un « capital social », source d'action individuelle et collective : « Le capital social est le partage de la connaissance, de la compréhension, des normes, des règles et des anticipations à propos des formes d'interaction que des groupes d'individus mobilisent pour une activité récurrente » (Ostrom, 1990).

La définition et les conditions d'émergence de ce capital social sont débattues dans la littérature. La présente contribution met en perspective le rôle des contextes œuvrant à la formation de ce capital social, au travers des études réalisées par le collectif de chercheurs. Elinor Ostrom est interrogée sur les relations entre capital social, action collective et État :
– Le capital social et l'action collective peuvent-ils jouer un rôle de catalyseur pour l'action publique ? Si oui, comment l'État adapte-t-il ses actions face à cette troisième voie que représente l'action collective ?
– L'État est-il un simple contexte ou peut-il être un acteur des mécanismes d'auto-organisation ?

Le concept de « capital social » est plus récent et a un statut moins établi que celui de capital matériel ou humain, voire naturel[19]. Il est le moins tangible de tous les capitaux puisqu'il n'existe que par les relations tissées entre et par des individus. À partir d'une « note provisoire » de Bourdieu (1980) et d'un article fondateur de Coleman (1988), cette notion s'est peu à peu imposée.

Pour Bourdieu, le capital social est « l'ensemble des ressources actuelles ou potentielles qui sont liées à la possession d'un réseau durable de relations plus ou moins institutionnalisées d'inter-connaissances et d'inter-reconnaissances ; ou, en d'autres termes, à l'appartenance à un groupe comme ensemble d'agents qui ne sont pas seulement dotés de propriétés communes [...] mais aussi unis par des liaisons permanentes et utiles » (Bourdieu, 1980). Autrement dit, « le capital social représente les ressources relationnelles que des acteurs individuels peuvent mobiliser à travers leurs réseaux de relations sociales » (Arrègle *et al.*, 2004).

Pour Coleman (1998), « le capital social est défini par ses fonctions ». Il caractérise le capital social à travers les obligations et les attentes réciproques tissées entre les parties prenantes, les canaux d'information privilégiés et les normes sociales régulant les comportements. Le capital social s'appuie donc d'abord sur la confiance dans le fait que l'appartenance

---

19. Depuis longtemps, l'analyse économique de l'entreprise distingue le « capital matériel », comprenant les équipements (immeubles, machines...) dont cette entreprise dispose, et le « capital humain », formé des personnes travaillant en son sein ou pour elle, selon des modalités définies (par exemple contrat de travail, de sous-traitance...). Ces deux catégories forment ses « facteurs de production » traditionnellement associés dans la représentation classique de l'entreprise.

au réseau confère à ses membres des avantages particuliers et exclusifs. Les canaux d'information dont bénéficient les membres du réseau leur permettent d'avoir accès rapidement et à un moindre coût à des informations utiles pour l'action. Enfin, l'existence de normes, qu'elles soient ou non intériorisées par les personnes, est un vecteur puissant de constitution d'un capital social. Pour Coleman, les structures les plus à même de produire des normes, de développer la confiance nécessaire au développement d'obligations et d'attentes réciproques, sont les structures sociales fermées. « La réputation ne peut apparaître dans une structure ouverte où les sanctions collectives qui assurent la confiance ne peuvent être appliquées ».

Ces caractéristiques seront reprises par Nahapiet et Ghoshal (1998). Les auteurs mettent ainsi en évidence quatre conditions d'émergence d'un capital social : le temps, l'interdépendance, les interactions et la fermeture du réseau.
– le temps : la stabilité et la continuité des relations constituent un prérequis au développement d'une confiance et de comportements de coopération ;
– l'interdépendance : l'enracinement du capital social dans des organisations est à même d'encourager l'identification, la coopération et la prise de risque ;
– les interactions : plus on utilise ce capital social, plus il se développe. Par conséquent, il convient de prévoir des espaces de discussions, d'échanges permettant ces interactions ;
– la fermeture du réseau : des frontières à travers une identité commune, un langage commun, des normes permettent de délimiter les contours du capital social.

Putnam, dont l'essai intitulé « *Bowling alone* » (1995) a beaucoup fait pour faire connaître ce concept, caractérise le capital social comme une composante organisationnelle à l'échelle de la société. Il le définit en faisant référence aux « caractéristiques de l'organisation sociale, telles que les réseaux, les règles et la foi en l'action collective qui facilitent la coordination et la coopération » (Putnam, 1995, in Bevort et Lallement, 2006).

Elinor Ostrom s'appuie sur les deux dimensions du capital social – la dimension microéconomique et locale (Coleman, Bourdieu) et la dimension macroéconomique et environnementale (Putnam) – et recommande d'emboîter les deux niveaux pour discuter de l'articulation d'un certain nombre d'arrangements, d'agencement institutionnels au sein d'une société. Elle préconise ainsi la prise en compte du contexte dans lequel ces interactions prennent place :
– le « micro-contexte » qui peut être appréhendé par les attributs spécifiques d'une situation dans laquelle les individus interagissent directement ;
– le « macro-contexte » qui correspond au système socio-écologique dans lequel des groupes d'individus prennent leurs décisions.

Les résultats empiriques des études menées (Poteete *et al.*, 2010) montrent que certains attributs/caractéristiques des micro-situations affectent le niveau de coopération atteint par les participants dans la mise

en place de cadres permettant de traiter des dilemmes sociaux. Ces attributs des micro-situations sont les suivants :
– possibilité d'une communication en face-à-face, considérée comme un des vecteurs les plus puissants de coopération (Ahn *et al.*, 2010) ;
– connaissance de la réputation des participants ;
– rendement marginal élevé ;
– possibilité d'entrée et de sortie à faible coût ;
– horizon à long terme ;
– accord sur la capacité des acteurs à produire leurs propres sanctions (les systèmes externes, imposés, réduisent la coopération).

Micro et macro-contextes font référence à des institutions, à de la connaissance et à de l'apprentissage, à des représentations partagées pour lesquels la constitution et le fonctionnement du capital social sont déterminants. Pour Elinor Ostrom, les concepts de compréhension partagée et de pérennisation des connaissances, le partage des savoirs sont une dimension fondamentale du capital social. Ce capital social est en effet dépendant des personnes qui le composent (un *turn-over* élevé dissipe le capital social) ; il nécessite, pour les nouveaux venus, une initiation, une formation aux schémas établis d'interactions (socialisation, capitalisation) qui le caractérisent. Il suppose enfin un fort niveau de confiance et de réciprocité. Si le capital social partage des caractéristiques communes avec le capital humain, entendu comme les connaissances et les compétences que des individus apportent à une activité, la création d'un capital social est ici nécessaire pour permettre l'interaction entre différents niveaux de capital humain, à travers des processus de médiation, de traduction et de co-production de connaissances. Un des enjeux à venir reste la formalisation adaptée des « savoirs tacites » – tels que ceux, millénaires, des populations népalaises sur les systèmes d'irrigation – de façon à les transmettre aux générations suivantes.

De plus, les individus affrontant des dilemmes sociaux sont aussi affectés par un ensemble plus large de variables contextuelles reliées aux caractéristiques des systèmes socio-écologiques dans lesquelles ils interagissent. Les variables les plus importantes à cette échelle varient suivant le type d'interaction (contrôle, conflit, *lobbying*, auto-organisation) et le type de résultat attendu sur le long terme (régulation d'une exploitation excessive, régénération de la biodiversité, résilience d'un système écologique…). Un ensemble de dix variables liées au système socio-écologique a été mis en évidence (Ostrom, 2009 ; Basurto et Ostrom, 2009), parmi lesquelles : la taille, la productivité, la prédictibilité du système de ressource, l'étendue de la mobilité des ressources, l'existence de règles de choix collectif pouvant être adoptées par les utilisateurs (figure 2.4). À cela viennent s'ajouter quatre variables relatives aux utilisateurs : nombre d'utilisateurs, existence parmi eux d'un leader, connaissance par les utilisateurs du système socio-écologique et importance à leurs yeux de celui-ci. Ces variables affectent la probabilité que des utilisateurs s'auto-organisent dans le but de surmonter un dilemme de partage/allocation/gestion de ressources communes.

LES NIVEAUX D'ANALYSE DU RÔLE DU CAPITAL SOCIAL ET LE CONTEXTE

Combinant des approches méthodologiques variées sur des problématiques diverses, les travaux des auteurs de ce chapitre interrogent le rôle du capital social et articulent trois niveaux d'analyse fondés :
– sur les relations inter-individuelles avec deux cas analysés en France et au Bénin où l'action collective n'est pas explicite (encadré Micro-contexte et formation du capital social) ;
– sur les relations au sein et entre organisations de producteurs au Vietnam, pour une action collective relative à la qualité sanitaire des produits alimentaires (encadré Micro-contexte et attributs de la situation d'interaction) ;
– sur les relations entre institutions où la constitution du capital social est analysée au travers du rôle des normes, des valeurs sociales et de l'État, et illustrée notamment par les travaux sur le don aux organisations du tiers-secteur[20] (encadré Revisiter le don à la lecture du capital social).

La synthèse de ces travaux pose des questions sur le capital social dans un micro-contexte et dans un macro-contexte.

CAPITAL SOCIAL ET MICRO-CONTEXTE

D'une part, ces travaux confirment bien l'impact du « micro-contexte », mis en évidence par Elinor Ostrom, sur le niveau de coopération atteint par les participants en situation d'auto-organisation. Ils montrent le rôle de trois variables de ce micro-contexte qui permettent *in fine* l'apprentissage et le développement d'une confiance propice à la coopération : l'importance d'une communication en face-à-face, la connaissance de la réputation des participants, l'horizon à long terme.

Ces travaux, qui articulent capital social et action collective à des niveaux différents, se répondent sur la dialectique entre confiance individuelle et règles collectives*. Naziri *et al.* comme Sibony interrogent également en creux la question de la confiance, en questionnant les comportements. Pour Sibony, il s'agit de comportements de contribution, pour Naziri *et al.*, de comportements opportunistes contraires à l'action collective. Il ressort de l'étude de ces derniers le rôle clé de l'agriculteur le plus expérimenté et, par-là, reconnu du groupe (l'individu « expert ») sur lequel devraient s'appuyer tant le groupe que les pouvoirs publics pour limiter les comportements individualistes pouvant mettre en péril l'action commune[21]. Ce rôle important a des points communs

---

20. « La perspective d'analyse du tiers secteur […] a été théorisée par les travaux du Johns Hopkins Comparative Nonprofit Sector Project conduits par l'équipe de Lester Salamon en 2003. Initié dès le début des années 1990, ce projet s'attache à mesurer, dans les pays du Nord et du Sud, la présence, la taille et l'importance du secteur du non profit aux côtés de l'État et du marché. Ce courant de recherche est porté par l'International Society for the Third Sector, la Banque mondiale et le FMI » (Sibony, 2016).
21. Les travaux de Naziri, de Sibony et de Mignon évoqués ici sont cités en note de bas de page au début de ce chapitre.

avec celui des experts de l'étude menée par S. Mignon et ses collègues, dans la mesure où les interactions conduisent là aussi à un partage de connaissances affectant *in fine* les capacités d'action. La confiance dans la qualité de l'expert, la pertinence de ses conseils et la fiabilité de son engagement influencent les interactions, donc le transfert de connaissances de l'un à l'autre, et par là l'action collective *via* l'apprentissage.

Ces résultats rejoignent sur un plan théorique ceux de Carlile (2004) sur le partage de connaissances, perçu comme le fruit du passage de trois types de frontières :
– celle du transfert, lorsqu'il s'agit d'informations codifiées et peu dépendantes du contexte ;
– celle de la traduction, lorsque la nouveauté crée des ambiguïtés sur le sens à apporter à des mots, à des mesures, à des résultats nécessitant la recherche d'une compréhension partagée ;
– enfin celle de la transformation, lorsque des intérêts divergents créent la nécessité d'une négociation politique afin de définir les intérêts communs. Cette dernière étape nécessite des propositions, des négociations et des transformations de connaissances suite à des processus d'essais-erreurs.

Naziri *et al.* et Mignon *et al.* montrent en effet que les relations inter-individuelles s'appuient non seulement sur des transferts et des traductions de connaissances, mais aussi sur des processus de redéfinition d'intérêts communs dans lequel un ou plusieurs acteurs jouent, *via* leur expertise reconnue au sein du groupe, un rôle pivot (faire comprendre l'intérêt de ne pas utiliser de pesticides, convaincre de la nécessité de certains investissements ou désinvestissements…).

Le micro-contexte fait aussi écho aux dimensions – structurelle, cognitive et relationnelle – communément explorées pour caractériser un capital social (Nahapiet et Ghoshal, 1998). Le réseau de relations pris dans son ensemble, c'est-à-dire la dimension structurelle du capital social, est déterminé par les liens au sein d'un réseau (accès aux informations), la configuration du réseau et la transférabilité d'un cadre à un autre. La dimension cognitive du capital social est conditionnée par le partage d'un langage commun, de codes, de perceptions, de représentations, de cadres de référence, de mythes, d'histoires, de métaphores… Enfin, la dimension relationnelle fait référence aux échanges interindividuels développées à travers des interactions construites dans la durée (Nahapiet et Ghoshal, 1998). La confiance, le consensus de la structure à travers les normes, l'accent mis sur la coopération plutôt que sur la compétition, la loyauté à l'égard du réseau et les obligations et attentes relatives au partage et à la combinaison de connaissances, la création d'une identité collective sont autant de vecteurs permettant de promouvoir la dimension relationnelle du capital social.

Micro-contexte et formation du capital social

Dans cette contribution, les scientifiques questionnent la formation du capital social dans un micro-contexte individuel, au travers du rôle « expert » d'un acteur à la croisée de l'organisation et de l'individu. Ils s'éloignent ici d'une vision de la dynamique de l'action collective appréciée à un niveau inter-organisationnel.

Le travail mené aborde les ressorts de la relation de personne à personne (*face to face*) dans la construction du capital social pouvant déboucher sur une action collective, sans forcément une explicitation d'un tel objectif. À travers deux terrains d'étude (France-Bénin), le questionnement porte sur les modalités d'interactions entre un expert et des dirigeants de très petites entreprises d'une part, et entre un conseiller et des chefs d'exploitation agricoles d'autre part. Les auteurs cherchent à comprendre comment ces interactions peuvent être source de partage de connaissances, d'apprentissages et de prises de décisions stratégiques, et par là d'action collective. Il apparaît que ces interactions fortes, enracinées dans une confiance réciproque, contribuent, à défaut d'une action commune objectivée, à une représentation partagée permettant de travailler ensemble sur une certaine durée.

Micro-contexte et attributs de la situation d'interaction

La réflexion porte sur le micro-contexte lié aux attributs spécifiques d'une situation dans laquelle les individus interagissent directement. La situation étudiée porte sur les ressorts de l'action collective de producteurs vietnamiens (à la périphérie d'Hanoï, Vietnam), structurés à travers des organisations agricoles soutenues par les pouvoirs publics, en vue d'une action commune : assurer la qualité sanitaire de la production de légumes.

Ces travaux éclairent les conditions qui contribuent au succès de l'action collective dans le cas de ces organisations de producteurs. En effet, il apparaît que le comportement individuel opportuniste (*free-riding*) d'un agriculteur qui, malgré le risque d'être pris, ne respecterait pas la règle collective de limitation d'utilisation de pesticides dans la production maraîchère tient à l'intérêt contradictoire entre cet individu et l'organisation agricole à laquelle pourtant il appartient.

Rompant avec les approches qualitatives menées jusqu'ici dans le domaine, les auteurs testent un modèle économétrique incluant des variables relatives aux interventions publiques, à l'environnement économique, aux conditions écologiques, ainsi que des caractéristiques du groupe lui-même (liens de parenté, taille du groupe, durée d'appartenance à l'organisation…). Il ressort de l'analyse qu'outre la taille de l'organisation agricole la variable jouant le plus fortement sur la qualité sanitaire est l'assistance technique apportée par les membres les plus expérimentés du groupe.

CAPITAL SOCIAL ET MACRO-CONTEXTE

Ces travaux interrogent aussi le rôle du « macro-contexte », et en particulier le rôle de l'État. Les travaux de D. Sibony montrent une certaine contradiction entre le fait que le tiers-secteur se crée *a priori* par opposition à l'État, mais se structure finalement en fonction des règles juridiques et de l'action politique qu'il met en place. La formation des experts mentionnés dans les travaux de D. Naziri *et al.* est financée par les pouvoirs publics et se greffe, selon les travaux de S. Mignon et ses collègues, même sur des obligations légales (publication des comptes dans le cadre de la relation entre experts-comptables et clients). On peut dès lors s'interroger sur la place de l'État comme partie prenante dans ces mécanismes d'auto-organisation. En favorisant l'expertise et le partage de connaissances, il viendrait donc enrichir le micro-contexte des inter-relations.

Au-delà du seul rôle de l'État, il convient de s'interroger sur le rôle d'autres institutions à même de favoriser la coopération entre acteurs. En ce sens, les résultats des études menées par les auteurs font écho aux travaux néo-institutionnalistes sur la diversité institutionnelle défendue comme une diversité nécessaire par Elinor Ostrom. En effet, les interactions entre acteurs génèrent souvent de nouvelles identités et règles collectives « les identités collectives émergent des interactions sociales et des communications entre les membres du groupe social » (White, 1992).

Des auteurs préconisent de réduire cette complexité : « Les organisations font face à la complexité institutionnelle chaque fois qu'elles sont confrontées à des prescriptions incompatibles émanant de multiples logiques institutionnelles » (Greenwood *et al.*, 2011). Il conviendrait alors soit d'opter pour une simplification de la réalité et donc de rendre une logique gagnante, soit de faire naître une nouvelle logique (hybride) en trouvant un compromis entre les diverses demandes institutionnelles. Ce second processus s'appuie sur la coopération et la confiance entre acteurs ; « il faut s'efforcer de trouver un équilibre entre les différentes demandes institutionnelles en augmentant la coopération entre des identités et en forgeant des liens entre elles » (Pratt et Foreman, 2000).

Dans les études menées par D. Naziri *et al.* et S. Mignon *et al.*, l'acteur capable de traduire des connaissances, de les simplifier et de les mettre à disposition du groupe est aussi l'acteur qui constitue un relais institutionnel grâce à la confiance qu'il a su gagner de ses interlocuteurs, en s'appuyant sur son expertise. Il peut même être porteur d'une logique dominante, celle de la puissance publique (dans le cas de l'expert-comptable notamment). Ces études montrent qu'il est capable d'influer sur l'émergence de règles collectives et de les faire respecter (usage modéré de pesticides, gestion d'une entreprise dans le respect des normes en vigueur). En revanche, l'étude menée par D. Sibony montre plutôt l'influence réciproque entre diverses logiques institutionnelles (celles du tiers-secteur, de l'État et de la société)

À l'issue de cette synthèse de recherches en cours, les innovations institutionnelles les plus à même de favoriser la coopération nécessaire à la gestion des dilemmes sociaux représentent donc un domaine de recherche fructueux.

Revisiter le don à la lecture du capital social

La construction du capital social est ici appréhendée au niveau d'un pays à travers le rôle joué par les normes et les valeurs d'une société. On rejoint là l'idée d'un contexte élargi dans lequel les groupes d'individus prennent leurs décisions. La recherche conduite s'intéresse au « tiers-secteur » et à son financement, à savoir à l'ensemble des organisations, de statut privé sans but lucratif, dont la gestion est autonome de l'État et avec une adhésion volontaire (Salamon et Anheier, 1997). L'auteur propose d'expliquer les variations observées entre pays en termes de don monétaire pour ces organisations grâce à une perspective macro-économique, non pas en fonction de l'interventionnisme de l'État ou encore de facteurs sociologiques, juridiques ou culturels, mais en considérant le don comme un fait social et dans sa dimension relationnelle, dans la lignée de Mauss (1923-1924).

Si la notion de confiance n'apparaît pas explicitement dans la réflexion menée par l'auteur, elle se dessine en filigrane : l'individu est replacé au cœur de la dynamique de construction du lien social à travers un comportement philanthropique qui manifeste un sentiment d'appartenance. Le niveau du don dans une société ne peut s'expliquer simplement par la somme des dons individuels, lesquels répondent à des motivations personnelles, mais bien par ce qui constitue son substrat social : l'état de la société dont la cohésion est déterminée par la présence de capital social. En retour, le don se pose également comme la marque symbolique de l'appartenance sociale et, par-là, de l'identité d'un individu.

POSTURES, REPRÉSENTATIONS, ACTIONS : PENSER LA DURABILITÉ DES SYSTÈMES SOCIO-ÉCOLOGIQUES

Les problèmes environnementaux ont pour caractéristique essentielle de mêler étroitement des aspects sociaux et écologiques[22]. Leur résolution appelle une observation conjointe de ces deux dimensions et de leurs interconnexions, dans une perspective interdisciplinaire. Le concept de système socio-écologique, apparu au fil des années 1990 dans la mouvance des travaux sur la résilience (Mathevet et Bousquet, 2014) et de celle des analyses de la théorie des systèmes (pour une présentation, voir Le Moigne, 2006 [1977]), vise justement à saisir la complexité de telles situations d'action. Il ouvrait alors la voie à une série de travaux dans un champ d'analyse toujours dynamique. Parmi ceux-ci, les propositions formulées par les chercheurs de l'École de Bloomington, autour des travaux structurants d'Elinor Ostrom, occupent aujourd'hui une place centrale.

Au regard de nos travaux respectifs, le cadre d'analyse et les formes d'interventions publiques auxquelles il a donné naissance posent des questions regroupées en trois grands pôles :
– la question de la posture d'observation et de sa dimension normative ;
– celle de l'adéquation entre les fondements théoriques néo-institution-nalistes du cadre et le caractère conflictuel de nombreuses situations de gestion de l'environnement ;

---

22. Les chercheurs participant à ce groupe ont rédigé des présentations de leurs travaux : P.-M. Aubert (AgroParisTech, MRM Montpellier). Collective management, cooperative strategies and competition between groups in natural resources' management: a case study in the Moroccan High Atlas ; R. Mathevet (Cefe CNRS Montpellier). Vulnerability, adaptation and institutional changes over time: insights from the Camargue biosphere reserve ; J. Ballet, J.M. Koffi, K.B. Komena (IRD/UVSQ, Université de Bouaké). The importance of the context in the implementation of participatory management of natural resources in developing countries ; P. Cardoso (Université de Paris 1). Analyzing the governance of social and ecological systems: the case study of Galapagos Islands ; R. Le Duff (Université de Caen). The world governance of water as the archetype of common goods' governance.

– et celle du lien du cadre théorique à l'action, entendu ici dans le double sens de sa capacité à identifier, dans une situation donnée, des leviers d'action concrets pour des acteurs réels et de son lien aux doctrines gestionnaires auxquelles il a donné naissance.

CADRE D'ANALYSE DES SYSTÈMES SOCIO-ÉCOLOGIQUES

Elinor Ostrom a en effet proposé dans plusieurs publications une synthèse du cadre théorique élaboré depuis les deux dernières décennies, dans l'optique « de dépasser l'idée de panacée » (Ostrom, 2007) et d'analyser « la durabilité des systèmes socio-écologiques » (Ostrom, 2009a).

Ce cadre d'analyse, qui accorde une importance particulière à l'action collective, propose de décomposer un système socio-écologique en quatre dimensions internes, deux dimensions externes et des variables relationnelles et de sorties, dont il s'agit de décrire les caractéristiques (figure 2.4) :
– le système de ressource dans son ensemble ;
– les unités de ressource qui peuvent en être extraites ;
– le système de gouvernance afférant ;
– le groupe d'usager pour les dimensions internes ;
– le contexte économique et socio-politique, ainsi que les écosystèmes avoisinant pour les dimensions externes.

L'ambition de ce cadre d'analyse est double :
– organiser le travail de recherche afin de permettre la comparaison entre différents cas d'études et ainsi la compréhension de ce qui favorise l'action collective et la durabilité d'un système socio-écologique (Ostrom, 2009a) ;
– offrir des prises à l'analyste pour orienter l'action vers une plus grande durabilité, en particulier en matière de changements vers des modes de gouvernance adaptés à la situation étudiée (Ostrom, 2007).

Les ancrages théoriques fondamentaux de ce cadre d'analyse très large sont peu précisés dans les différentes publications citées. Ils s'articulent cependant étroitement avec la perspective néo-institutionnaliste développée dès ses premiers travaux par Elinor Ostrom et formalisée dans *Understanding Institutional Diversity* (Ostrom, 2005) à propos du cadre de l'*Institutional Analysis and Development*. L'accent est ainsi mis sur l'analyse des institutions, entendues comme l'ensemble des règles, formelles ou informelles, qui structure les interactions sociales, politiques, économiques des hommes en société, afin de caractériser les formes de l'action collective. Le cadre d'analyse des systèmes socio-écologiques présenté par Elinor Ostrom fait ainsi deux hypothèses implicites fondamentales et intimement liées :
– la coordination entre les multiples acteurs impliqués dans un système socio-écologique est au cœur du ou des problèmes d'environnement à régler et doit donc être au centre de l'analyse à mener ;

– la résolution de ces problèmes passe alors logiquement par une amélioration de la coordination, l'apaisement des dissensus, voire leur éradication. Ces deux hypothèses structurent fortement tant le cadre d'analyse que l'utilisation qui en est faite en termes gestionnaires. Ainsi, l'accent est mis sur les aspects de gouvernance et ses modalités, très peu sur les actions à conduire pour favoriser l'atteinte objectifs sociaux environnementaux ou politiques.

CLARIFIER LA RELATION ENTRE LE CHERCHEUR ET L'OBJET DE SON ÉTUDE, POINT D'ENTRÉE DANS LE CADRE THÉORIQUE

L'ambition de ce cadre est d'apporter des éclairages sur la durabilité globale des systèmes socio-écologiques, sans précision particulière du point d'entrée initial – environnemental, économique, social, politique – à l'aune duquel l'analyste organisera son observation. De ce point d'entrée initial dépend pourtant le choix des variables de sortie du « fonctionnement » du système socio-écologique qui seront prises en compte. Elinor Ostrom (2007) considère sur ce point que le cadre d'analyse qu'elle propose est suffisamment ouvert pour ne rien présager du type de questions auxquels il permet de répondre. Cependant, le principe même d'un cadre d'analyse universel, qui permettrait de « cartographier » systématiquement tous les problèmes de gestion de l'environnement et des ressources naturelles, nous semble négliger le fait que construire une représentation du monde, c'est déjà sélectionner, dans la multitude du réel, certains éléments au détriment d'autres. C'est donc se résoudre à répondre à certaines questions et pas à d'autres. Pour reprendre les termes de Le Moigne (2006 [1977]), « modéliser, c'est décider ». Selon que l'on mette l'accent sur les dimensions économiques, sociales, environnementales, politiques, idéologiques ou philosophiques d'un problème d'environnement, que l'on considère plus ou moins explicitement que sa résolution passe par la coordination, par l'incitation, la coercition ou l'action stratégique, on ne construira pas la même représentation du monde.

En l'occurrence, le cadre d'analyse développé par Elinor Ostrom et ses collègues est caractérisé par une préoccupation environnementale qui peut s'exprimer en termes de rendement soutenable de l'exploitation d'une ressource et par une hypothèse forte sur le fait que c'est par la coordination que des problèmes de gestion de l'environnement peuvent se régler. La lecture du monde qu'il organise permet donc de répondre à des questions du type : quels sont les systèmes de règles de gouvernance permettant d'éviter la surexploitation d'une ressource ? Quelles sont les dimensions du système ainsi représenté sur lesquelles agir pour favoriser l'action collective (Ostrom, 2007) ? Cependant, ces questions-là ne sont pas les plus pertinentes dans toutes les situations de gestion de l'environnement et, en conséquence, cette représentation générale n'est pas nécessairement déterminante dans toute analyse de gestion de l'environnement[23]. Comme l'indique Godard (1997), les articulations entre préoccupations, acteurs, solutions sont spécifiques à chaque problème et à chaque manière de les aborder ; vouloir en donner une représentation unifiée pour permettre la comparaison des études de cas est certes louable, mais nous semble hors de portée. Les contextes, les questions, les cadres d'analyses sont construits, non donnés. Plutôt qu'ils n'émergent, ils sont construits soit en relation avec une question particulière, soit en relation avec d'autres contextes. Cela d'autant que les systèmes socio-écologiques sont ouverts aux évolutions d'autres groupes sociaux que les communautés locales qui tentent de les transformer. La dimension normative portée par l'analyste doit donc être questionnée, tout comme celle du cadre d'analyse puisque tantôt cette dimension oriente, tantôt conditionne ou encore détermine le fruit de l'examen comme sa mise en opération (encadré Eau et gouvernance).

UNE PERSPECTIVE NÉO-INSTITUTIONNALISTE PARFOIS INADAPTÉE

Ainsi, un des aspects déterminant fortement la structure du cadre d'analyse proposé réside dans son parti pris institutionnaliste, ou plus précisément néo-institutionnaliste. Ce parti pris conduit à considérer que, pour comprendre la forme que prennent les interactions sociales de tous ordres – et en particulier celles qui conduisent les acteurs à coopérer, à agir ensemble pour réguler leur rapport aux ressources naturelles –, la meilleure chose à faire est d'analyser l'évolution des institutions, c'est-à-dire des règles qui régissent ces interactions. Plus précisément, dans la perspective néo-institutionnaliste du choix rationnel adoptée par Ostrom (Hall et Taylor, 1997), l'accent est mis sur la possibilité qu'un acteur investisse des ressources en faveur de l'adoption et/ou du respect de règles favorables à une gestion soutenable de l'environnement, en fonction de la manière dont il se représente les coûts et les bénéfices associés à un changement éventuel de règles (Ostrom, 1990, 2009a). Nous souhaiterions ici discuter la portée analytique d'une telle hypothèse dans un certain nombre de situations

---

23. Cette remarque est d'autant plus importante que, dans l'introduction au numéro spécial « Au-delà des panacées », Ostrom, Janssen et Anderies (Ostrom *et al.*, 2007) auraient une fâcheuse tendance à vouloir représenter l'intégralité des problèmes d'environnement par un petit nombre de modèles formels. Bien qu'indubitablement plus à même d'intégrer la complexité que la plupart des modèles économiques ou économétriques appliqués à la gestion de l'environnement, le cadre d'analyse proposé par Ostrom tombe selon nous sous le coup de la même critique en considérant qu'un même cadre d'ensemble peut organiser l'analyse de tout type de situation de gestion de l'environnement.

récurrentes en matière d'environnement, marquées soit par l'importance des conflits (que Ostrom mentionne d'ailleurs, citant Berkes et Ostrom, 2007), soit par la mise en rapport de groupes sociaux très différents (c'est le cas des politiques publiques, des projets environnementaux ou de développement rural dans le cadre des relations Nord-Sud).

Prenons le cas des situations conflictuelles, qui renvoient à des contextes de forte tension sur la ressource ou dans lesquels les préoccupations relatives aux problèmes environnementaux ne sont pas partagées par les groupes d'acteurs en présence (voir encadré Zones humides et Political Ecology : conflits et interactions stratégiques). Dans ce type de situations, la mise en place d'institutions de gouvernance de l'environnement et/ou des ressources naturelles met en compétition des individus ou des groupes d'acteurs pour l'accès à la ressource ou pour la qualification des usages légitimes qui peuvent en être faits. Les rapports de force entre acteurs, le caractère stratégique de leur comportement – par exemple lorsqu'il s'agit pour eux de s'opposer à des initiatives visant à améliorer les qualités environnementales du système socio-écologique considéré – doivent alors être pris en compte attentivement pour comprendre la forme même des régulations qui émergent et leurs conséquences différenciées tant environnementales que sociales (Mermet, 2011). Or, comme le rappelle Friedberg (1998), se focaliser sur les règles pour essayer de comprendre les formes d'action collective (compétition, collaboration, rapports de force), c'est laisser de côté une dimension fondamentale de toute situation d'action, en particulier lorsque celle-ci est conflictuelle : le fait que les règles s'actualisent sans cesse dans des pratiques concrètes, par lesquelles les acteurs peuvent chercher à les contourner ou à en instituer de nouvelles, en fonction de leurs contraintes et des ressources dont ils disposent.

Si ce dernier point s'avère particulièrement important pour analyser des situations conflictuelles à différents égards, il l'est tout autant dans des situations peut-être moins conflictuelles mais dans lesquelles un intervenant extérieur (projet de développement, action de l'État ou toute autre forme d'action publique) cherche à instaurer de nouvelles formes de gestion des ressources naturelles qui seraient, selon les cas, « partenariales », « participatives », « collectives », voire « communautaires ». La grille d'analyse proposée risque alors de se concentrer sur les arrangements locaux élaborés dans le cadre des dispositifs mis en place, considérés comme le cœur du système socio-écologique, négligeant ou oubliant alors d'interroger :
– le contexte social et historique plus large dans lequel s'inscrit cette intervention ;
– les relations qui s'établissent, à travers cette intervention, entre action publique et « groupes cibles », relations qui doivent, pour comprendre ce qui se joue, être mises au centre de l'analyse, ainsi que l'ont bien montré différents travaux en socio-anthropologie du développement (Olivier de Sardan, 1995 ; Blundo, 2011).

QUEL RAPPORT À L'ACTION ?

L'analyse des systèmes socio-écologiques se veut, comme l'expliquent Ostrom *et al.* (2007), une « science appliquée » ; c'est dire que l'ambition est bien de produire une connaissance actionnable, à tout le moins pertinente, pour agir. Selon nous, les chercheurs travaillant sur l'analyse des systèmes socio-écologiques dans la perspective d'Elinor Ostrom ne sont pas encore parvenus à franchir deux obstacles : l'un pratique, l'autre théorique ou analytique.

Sur le plan pratique, les réflexions que tirent les chercheurs de l'École de Bloomington de l'analyse des systèmes socio-écologiques sont majoritairement portées vers la question de leur mode de gouvernance. L'enjeu est clair : déterminer, dans différentes situations, l'architecture institutionnelle la plus à même de conduire à une plus grande durabilité du système socio-écologique. Pourtant, alors qu'appeler à un changement des modes de gouvernance implique que ce changement vienne de quelque part, ou plus précisément soit porté par un acteur ou un groupe d'acteurs, l'essentiel des contributions se trouvent relativement muettes sur ce point. Certes, il faut du changement, nous dit-on, mais les questions de qui doit agir et comment pour que ce changement se produise effectivement ne sont que rarement posées. Faut-il en déduire que le changement se fera par ajustement mutuel entre les parties prenantes, éclairées par les analyses produites par la recherche ? Pour Robbins (2004) et Crozier et Friedberg (1981 [1977]), ce n'est pas le cas et l'ajustement mutuel conduit rarement au changement, mais bien à un renforcement des rapports de pouvoir existants. C'est ce que rappelle également Laurent Mermet (2011), constatant la difficulté avec laquelle ce qu'il appelle les « approches collaboratives » dans le champ de l'environnement pensent la question de l'action de changement (voir encadré Analyse stratégique de la gestion environnementale et modélisation d'accompagnement.

Si cette question-là n'a été que rarement posée par les chercheurs de l'École de Bloomington, c'est peut-être parce que depuis près de deux décennies, l'influence de leurs travaux sur la définition des politiques publiques et des programmes internationaux de gestion des ressources naturelles, en particulier dans les pays du Sud, n'a fait que croître (voir encadré Mise en pratique de la gestion participative des ressources naturelles) ? Cela a conduit à de nombreuses réformes en faveur d'une meilleure prise en compte des capacités d'action collective des usagers (Agrawal, 2007)[24]. Pour autant, si de telles politiques publiques ont bel et bien été mises en place avec des

---

24. Il est possible d'analyser ces changements de politique publique qui ont touché quasiment tous les pays du Sud en mobilisant le concept de communauté épistémique développé par Haas (1992). On peut alors constater qu'une véritable communauté épistémique de l'école des communs s'est développée à la fin des années 1980, regroupant de nombreux chercheurs, experts et décideurs, dont l'influence s'est exercée dans de multiples arènes (Aubert, 2010).

conséquences variables, rares sont les travaux qui, cherchant à tirer les bilans de ces interventions, ont réellement mis en regard les dynamiques politiques, sociales et gestionnaires résultant des interactions entre action publique et sociétés locales dans la gestion des ressources naturelles (Agrawal et Ostrom, 2001). Le cadre d'analyse des systèmes socio-écologiques proposé par Ostrom et ses collègues est ainsi très souvent mobilisé pour orienter le changement des politiques publiques, mais se trouve bien muet pour rendre compte des dynamiques engendrées par ces changements.

Eau et gouvernance

L'eau est un parfait exemple du besoin de créer de nouvelles formes de gouvernance. Il ne s'agit pas seulement de mettre au point de nouveaux outils mais de regarder une situation en recherchant le degré de gouvernabilité qu'il est possible de lui appliquer. L'eau peut être ainsi abordée en distinguant les aspects qui bénéficient d'une gouvernabilité forte et ceux pour lesquels il faut accepter qu'ils ne soient qu'à gouvernabilité faible. Une telle manière d'envisager des « réflactions » (selon l'expression d'Edgar Morin[ψ], contraction de réflexion et d'action) suppose d'abandonner l'idée qu'il existerait un problème de l'eau et que, une fois posé, ce problème pourrait être résolu. De même, la référence habituelle à un « projet global » s'avère totalement impossible à construire. Les modèles que les « ingénieurs-économistes » français ont su construire, avec succès, dans le cadre de la planification, pour découvrir la solution optimale sous contraintes, ne peuvent être transférés à de nouveaux biens tels que les biens communs, au premier rang desquels l'eau.

L'amoncellement des externalités de toutes sortes, au sein desquels sont imbriqués l'économique et le social, le court terme et le long terme, des progrès techniques mineurs et majeurs, des multiples scénarios parfois contradictoires, a pour conséquence inévitable que la loi de la variété requise d'Ashby[ψ] s'applique parfaitement, et que donc « l'inversion de contrôle » se produira. Le commandé l'emportera sur le commandeur. Les externalités ne se décrètent pas ; certes, l'analyse est capable de détecter certaines d'entre elles, mais c'est grâce à une démarche de démocratie participative active que se découvrent et s'internalisent les externalités ressenties par les acteurs, ce qui implique aussi des démarches multi-acteurs.

Ici encore, l'exemple de l'eau est tout à fait pertinent. Il porte sur les relations entre les progrès techniques et la pauvreté, et au-delà sur des conséquences inattendues et donc in-envisagées. On sait par exemple que, dans certains pays d'Afrique subsaharienne et dans certaines circonstances, l'installation de bornes fontaines a eu pour conséquence de diminuer fortement le nombre de viols des petites filles et l'accroissement de leur scolarité ! Une attention toute particulière doit donc être portée à ces « circonstances », ce qui veut dire, étymologiquement, ce qui se tient autour.

Zones humides et *political ecology* : conflits, interactions stratégiques

Les zones humides sont d'excellents modèles pour comprendre l'évolution des systèmes socio-écologiques élargis. Elles sont caractérisées par des conditions d'incertitude changeantes, connaissent des adaptations et des aménagements récurrents au fil du temps, et demandent souvent des innovations en termes de gestion collective du fait des interdépendances biologiques et hydrologiques. La gestion de l'eau et de la biodiversité met ainsi en jeu les problématiques de l'action collective et des interactions stratégiques dans la gestion d'un système socio-écologique élargi. Dans notre cas d'étude, la roselière des étangs du Charnier et du Scamandre dans la réserve de biosphère de Camargue (Mathevet, 2004), nous nous sommes intéressés à la dynamique de systèmes socio-écologiques élargis confrontés à une crise environnementale (régression qualitative et quantitative des massifs de roseaux, déclin significatif du nombre des hérons nicheurs). Les usagers étaient en compétition, quelquefois violente, pour l'accès à l'espace et à la gestion de l'eau. Il s'est agi alors d'identifier et de promouvoir des pratiques de gestion qui maintiennent la roselière, en conciliant les besoins écologiques de la faune avec les activités humaines. Nos travaux de recherche-action et de modélisation d'accompagnement ont montré que les conflits contemporains relatifs à l'accès aux ressources et à la gestion de l'eau pouvaient donner lieu à des compromis (Mathevet *et al.*, 2003 ; Poulin *et al.*, 2006). Mais ils révèlent aussi que les conflits de pouvoir anciens sont reformulés et s'expriment dans des conflits entre environnementalistes, chasseurs et exploitants de roseaux. La gestion environnementale de l'eau et du territoire traverse et requalifie ce dernier. L'approche *political ecology* contribue alors grandement à l'identification des rationalités situées et aide à mieux appréhender la place des relations de pouvoir, et des relations économiques et politiques entre les acteurs dans les processus socio-écologiques (Mathevet et Couespel, 2012 ; Mathevet *et al.*, 2015).

Analyse stratégique de la gestion environnementale et modélisation d'accompagnement

L'analyse stratégique de la gestion de l'environnement (ASGE) fournit un cadre théorique ancré dans les sciences de gestion (Mermet, 1992 ; Mermet *et al.*, 2005). En plaçant les rapports de forces et les conflits au centre de son analyse ainsi que la notion d'action stratégique de changement, l'ASGE implique une posture critique (Leroy, 2010 ; Mermet, 2010). Son objectif est de clarifier les conditions d'atteinte d'objectifs environnementaux collectivement fixés.

L'ASGE se base alors sur l'élaboration d'un référentiel normatif (état du système socio-écologique élargi à atteindre sur son volet écologique) pour produire une analyse de la gestion de l'environnement distinguant la gestion effective – toutes les actions qui, délibérément ou non, affectent négativement le système socio-écologique élargi au regard du référentiel normatif défini – de la gestion intentionnelle – les actes de gestion intentionnellement mis en œuvre dans le but de restaurer ou de préserver les qualités écologiques de ce système. Cette analyse approfondie des systèmes d'action permet de développer un troisième volet, stratégique et plus ou moins prescriptif selon les contextes de recherche-action, qui vise l'identification et l'évaluation des marges de manœuvre possibles des acteurs et leur traduction en termes d'actions de changement à entreprendre (Mermet *et al.*, 2005).

Tout comme l'ASGE, la modélisation d'accompagnement – selon la posture de recherche adoptée par les signataires d'une charte (ComMod, 2005) – offre des principes méthodologiques et un choix d'outils méthodologiques, mais n'impose ni un modèle ni une procédure. L'approche considère l'apprentissage collectif comme un processus déterminant pour parvenir à des formes d'interactions coopératives (ComMod, 2006). Elle met également en exergue la pluralité d'interprétations du système par les acteurs qui le composent en fonction de leurs normes et de leurs valeurs (ComMod, 2005). La modélisation d'accompagnement consiste à mettre en œuvre une démarche de modélisation participative itérative et continue. Cette approche contribue à clarifier et à partager les points de vue, les normes, les valeurs des acteurs qui ont conduit à la situation étudiée. L'usage de simulateurs informatiques, de jeux de rôles permet de stimuler l'apprentissage collectif sur le système en créant, en modifiant ou en observant un modèle et des simulations avec les acteurs. Si la modélisation d'accompagnement n'échappe pas aux entraves liées aux jeux de pouvoirs et aux problèmes d'équité de toutes démarches participatives, les travaux de ce groupe de chercheurs (pour une synthèse, voir Étienne, 2010) montrent trois grands types d'effets sociaux :
– la production d'une connaissance robuste socialement qui nourrit le processus de construction de politiques publiques ou de choix collectifs ;
– un apprentissage social pour résoudre des problèmes pratiques ;
– une mise en capacité des acteurs qui les met en situation de participer aux changements sociopolitiques et à la transformation du système socio-écologique élargi.

Mise en pratique de la gestion participative des ressources naturelles

Toute une littérature, développée notamment autour des travaux d'Elinor Ostrom (1990), a souligné que les institutions locales, et donc les communautés qui en sont le support, sont fondamentales dans la gestion efficace et durable des ressources naturelles. Bien qu'elles aient un avantage comparatif dans la gestion de ces ressources par rapport à l'État, ces communautés échouent parfois, tout comme l'État, à gérer de manière efficiente les ressources naturelles (Jones et Murphree, 2004 ; Hutton *et al.*, 2005). Cependant, les travaux d'Elinor Ostrom et de ses collaborateurs ont eu une influence significative sur la mise en œuvre de politiques de préservation des ressources naturelles dans les pays en développement. Ils ont offert des outils d'analyse comme le cadre de l'*Institutional Analysis and Development*, qui peut permettre d'analyser la mise en pratique de l'approche participative par les bailleurs de fonds, notamment les institutions de Bretton Woods qui en ont fait la clé de voûte de leurs programmes de développement dans les pays en développement, *via* les projets à conditionnalités, exigeant l'implication des populations locales et de certaines organisations non gouvernementales.

Utiliser le cadre de l'*Institutional Analysis and Development* pour évaluer la mise en place des politiques de gestion participative dans les pays en développement permet de déconstruire un certain nombre d'idées reçues en interrogeant le contexte historique et institutionnel dans lequel la gestion participative a émergé, pour ensuite analyser les modèles d'interactions situés entre les acteurs (Ballet *et al.*, 2009a). Il en ressort qu'il ne saurait y avoir de solution miracle simple pour des problèmes complexes (Ostrom, 2007), car les projets de gestion participative sont loin d'aboutir systématiquement aux résultats positifs attendus. En fait, ils peuvent être particulièrement consommateurs de temps, coûteux et destructeur de capital social (Conley et Moote, 2003) et source de co flits d'usage (Ballet *et al.*, 2009b, 2011). L'enjeu réside alors dans l'analyse de la mise en place des projets de co-management et des interactions entre l'État et les communautés locales, sachant que ces rapports reposent sur un lourd héritage colonial de la gestion foncière caractérisée par une violence institutionnelle (Ballet *et al.*, 2009b). Certes, le cadre participatif favorise la pluralité des projets à travers diverses formes d'arrangements institutionnels. Il privilégie aussi cependant un modèle dominant d'interaction basé sur la recherche de rente sur des projets non pérennes du fait de leur mode de financement et d'implémentation. De ce fait, les logiques de mises en œuvre des projets participatifs apparaissent décalées avec les pratiques des populations, en renforçant les inégalités sociales (Ballet *et al.*, 2009a, 2011).

Coopération intra-groupes et compétition inter-groupes : les conditions d'émergence des modes de gestion collective

Il existe, dans le haut Atlas central, différents dispositifs coutumiers de gestion des ressources naturelles, en particulier les *agdals*. La mise en *agdal* d'un espace-ressource consiste à en interdire l'accès temporairement afin d'en assurer la régénération ; l'*agdal* peut ainsi concerner des parcours, des espaces forestiers, des vergers d'arganier dans le Sud marocain, etc. Dans le cas des espaces forestiers de la vallée des Aït Bougmez, les *agdals* sont mis en place au niveau de chaque village, dans lesquels ils ont permis la conservation de « patchs » forestiers de superficies variables en fonction des villages (Hammi *et al.*, 2010). Plusieurs travaux se sont appuyés sur les grilles de lecture de l'École de Bloomington pour rendre compte du maintien et de la relative efficacité de ces formes particulières de gestion (Romagny *et al.*, 2008). Au niveau des villages, le mode d'élaboration, de suivi et d'application des règles de gestion a été particulièrement bien étudié ; les caractéristiques de ces systèmes de gouvernance rassemblent ainsi l'ensemble des facteurs listés par Ostrom comme favorable à une exploitation soutenable des ressources, ce qui permettrait d'expliquer comment des patchs forestiers ont pu être conservés dans un contexte de forte augmentation de la demande. Néanmoins, dès lors que l'observation se déplace de l'échelle villageoise à celle de la vallée, le constat est celui d'une dégradation importante de la ressource en dehors des *agdals* forestiers. En effet, la mise en place de ces *agdals* forestiers s'est faite dans un contexte extrêmement conflictuel entre les villages, ce qui a conduit à de fortes dégradations dans l'ensemble des espaces frontaliers (Lecestre-Rollier, 1986). Dans une telle situation, les différents travaux s'étant focalisés sur les règles de gestion intra-groupe ont le plus souvent éludé le processus d'appropriation compétitive entre groupes qui a présidé à la création de l'*agdal*, et dont les conséquences, sociales et environnementales, sont importantes. C'est bien l'importance stratégique pour un groupe de « déclarer » l'*agdal* sur un espace donné en tant que moyen d'appropriation vis-à-vis d'autres groupes qui doit être considérée, ce qu'une approche plus stratégique de l'action organisée permet plus facilement (Aubert, 2010).

QUESTIONS DE SCIENCES ET DE SOCIÉTÉ

Chaque groupe de chercheurs a interrogé Elinor Ostrom. Elle a fourni des réponses groupe par groupe. Pour une lecture plus facile et pour éviter des redondances, les réponses données ont été regroupées et sélectionnées autour de cinq thèmes.

LE PLURALISME

Le premier ensemble de questions porte sur la diversité des acteurs, le rôle particulier de certains acteurs comme l'État, le pluralisme juridique.

LES CHERCHEURS

Si l'idée est de renforcer la diversité institutionnelle, cela ne requiert-il pas que les systèmes juridiques modernes s'ouvrent au pluralisme juridique, pour permettre une plus grande diversité des modèles de gestion de l'environnement et des ressources naturelles ?

Est-ce que des fondations souveraines (dirigées par des administrateurs élus sous le patronage de l'ONU) pourraient être une autre solution, quelque part entre l'État et le marché, pour aider à réduire le risque d'exploitation des ressources dans le Sud par les multinationales du Nord comme du Sud ?

Lors d'une décision collective, comment peut-on gérer la présence d'une pluralité d'acteurs, qui ont non seulement diverses stratégies, mais aussi des valeurs, des morales ou des modes d'apprentissage différents ?

Comment le capital social peut-il être un catalyseur d'une action publique ?

L'État est-il partie prenante de l'action collective ? Comment adapte-t-il ses actions face à l'émergence d'une action collective ?

Est-il simple contexte ou acteur des dispositifs d'auto-organisation ?

Après une première réponse sur la diversité des participants, Elinor Ostrom a répondu essentiellement en abordant deux points : celui du rôle de l'État et celui du pluralisme juridique.

ELINOR OSTROM

Vous me demandez : existe-t-il un attribut clair qui aide à définir de façon robuste ce qu'est être un participant ? Est-ce que cela doit être des entreprises privées issues des différents pays du monde, des gouvernements nationaux de n'importe quel endroit ? Quelle sera l'unité de base pour définir qui sera un participant ? À très grande échelle, les unités de base sont généralement des organisations, non des individus. Comment alors penser à des organisations comme participants, car cela peut être plus difficile que pour les individus. Nous avons analysé des réseaux de conception web de logiciels, gratuits ou non, qui ne sont pas localisés ni liés à un territoire. Qui peut se joindre, comment, avec quelles responsabilités, et quelles sont les règles à suivre ? Comment voulez-vous résoudre les conflits, car il y aura des conflits si vous ne faites pas attention ? Les principes directeurs (*design principles*) semblent être tout à fait pertinents pour analyser les larges réseaux de participants dans la conception de logiciels.

Nous devons surtout commencer à nous débarrasser de cette idée qu'il existe une unité, l'État nation, qui domine tout. En effet, suivant les pays, l'État prend des formes variées (État centralisé, État fédéral, État décentralisé) avec une répartition complexe des compétences entre différentes entités publiques. La coordination hiérarchique par un État autoritaire existe mais n'est pas la situation la plus fréquente. Dans bien des cas, ce sont les citoyens qui créent les institutions et, dans certains pays (comme aux États-Unis), les personnes assurant des fonctions publiques sont élues. Ce sont, par exemple, les États de la partie sud des Grands Lacs aux États-Unis et les provinces du Canada qui en entourent la partie nord qui ont mené la négociation sur les Grands Lacs. Pas l'État souverain, pas deux pays, mais des sous-unités qui ont créé une Commission mixte internationale (encadré Commission mixte internationale). Nous avons besoin de penser à diverses façons d'encourager ce genre d'arrangements où ce n'est pas l'État nation qui est engagé, mais des unités régionales en-deçà de la nation qui œuvrent dans le même sens.

Aborder ces questions de manière générique *via* la notion d'État paraît ainsi être une impasse. Ce qui fait sens, c'est l'action publique et le rôle des institutions publiques, car l'action collective n'exclut pas toujours ou ne se développe pas toujours en dehors du secteur public. Les situations d'action collectives sont variées. La gestion des grands systèmes irrigués ou des grands bassins versants montrent bien la complexité et la diversité des acteurs engagés dans l'action collective[25].

---

25. Elinor Ostrom rappelle ainsi que la gestion des biens communs repose non pas sur une organisation centralisée mais polycentrique : « de nombreuses recherches empiriques me conduisent à dire que le but fondamental de politiques publiques devrait être de faciliter le développement d'institutions qui apportent le meilleur pour les humains. Nous devons nous demander comment diverses institutions polycentriques aident ou nuisent à l'innovation,

Quant à la question de l'ordre juridique, nous devons bien différencier la Common Law et le droit romain. Dans le droit romain, la loi vient d'une législation nationale et, si elle n'est pas déjà spécifiée, le droit n'existe simplement pas. Mais, dans la Common Law, on peut faire prévaloir l'expérience, la jurisprudence et se demander « comment les gens ont résolu ce problème dans le passé ? ». Au Canada, des développements très intéressants ont eu lieu en Colombie-Britannique depuis les cinq à dix dernières années avec la question de la reconnaissance des droits des peuples autochtones. Des chercheurs ont travaillé avec des représentants de diverses tribus. Ils ont organisé ensemble des instances où de nombreux individus ont été réunis pour parler de droits fonciers et ont utilisé des systèmes d'information géographique et de la télédétection pour décrire soigneusement ces droits fonciers locaux. Après ce travail mené localement, les observations et les revendications ont été présentées devant un tribunal et, dans certains cas, les tribus ont obtenu que cette compréhension locale de leurs droits soit approuvée par le tribunal. Dans une société moderne, où nous avons des tribunaux, un tribunal a donc été mis au défi de se prononcer sur un tel accord et de définir ce que les droits légaux sont maintenant. Cela ne signifie pas que les traditions de droit romain ne sont pas appropriées, au moins dans certains endroits, mais je reconnais n'être pas très à l'aise avec les systèmes juridiques descendants, fonctionnant de haut en bas.

> **Commission mixte internationale (CMI)**
> **ou International Joint Commission (IJC)**
>
> L'IJC a préparé l'Accord relatif à la qualité de l'eau dans les Grands Lacs de 2012, amendant l'Accord de 1978 entre le Canada et les États-Unis d'Amérique, qui fournit « un cadre primordial pour les activités binationales de consultation et de coopération en vue de restaurer, de protéger et d'améliorer la qualité de l'eau dans les Grands Lacs afin de favoriser la santé écologique du bassin des Grands Lacs ».
>
> Dans son article 1, cet accord définit les termes suivants :
> – c) « écosystème du bassin des Grands Lacs » désigne l'interaction des éléments de l'air, du sol, de l'eau et des organismes vivants, y compris les êtres humains, et tous les ruisseaux, rivières, lacs et autres nappes d'eau, y compris les eaux souterraines, entrant dans le bassin hydrographique des Grands Lacs et du fleuve Saint-Laurent à la frontière internationale ou en amont à partir du lieu où ce fleuve devient une frontière internationale entre le Canada et les États-Unis ;

---

l'apprentissage, l'adaptation, la confiance, le degré de coopération et l'atteinte de résultats plus efficients, plus équitables et plus soutenables à de multiples échelles » (Ostrom, 2011b).

– d) « Commission mixte internationale » ou « la Commission » désigne la Commission mixte internationale instaurée par le Traité des eaux limitrophes ;

– e) « gouvernement municipal » désigne un gouvernement local créé par une province ou un État situé dans le bassin des Grands Lacs ;

– f) « grand public » désigne les personnes et les organisations, telles que les groupes d'intérêt public, les chercheurs et les établissements de recherche, ainsi que les entreprises et autres entités non gouvernementales ;

– g) « gouvernements des États et de la province » désigne les gouvernements des États de l'Illinois, de l'Indiana, du Michigan, du Minnesota, de New York, de l'Ohio, de la Pennsylvanie, du Wisconsin et le gouvernement de la province d'Ontario ;

– h) « gouvernement tribal » désigne le gouvernement d'une tribu située dans le bassin des Grands Lacs et reconnue soit par le gouvernement du Canada, soit par le gouvernement des États-Unis ;

– « eaux des affluents » désigne les eaux de surface qui s'écoulent directement ou indirectement dans l'eau des Grands Lacs ; « eau des Grands Lacs » désigne les eaux des lacs Supérieur, Huron, Michigan, Érié et Ontario, ainsi que les réseaux hydrographiques reliés des rivières Sainte-Marie et Sainte-Claire, y compris les lacs Sainte-Claire, Détroit et Niagara et le fleuve Saint-Laurent à la frontière internationale ou en amont à partir du point où il devient une frontière internationale entre le Canada et les États-Unis, y compris toutes les eaux libres et littorales (d'après le site http://www.ijc.org/fr).

TRANSFERT DES PRINCIPES DIRECTEURS ET LEÇONS ACQUISES À L'ÉCHELLE DES COMMUNAUTÉS

LES CHERCHEURS

Comment dans le contexte de systèmes socio-écologiques globaux ou imbriqués, pouvons-nous utiliser, les leçons extrêmement importantes qui ont été tirées à l'échelle locale des régimes de ressources en communs dans les pêches artisanales, les forêts et les systèmes d'irrigation ?

Est-ce que les *design principles* que vous avez établis pourraient être adaptés à des systèmes socio-écologiques moins locaux et plus emboîtés, imbriqués dans des systèmes plus larges ?

Sur ce thème, Elinor Ostrom a répondu en deux temps, tout d'abord en revenant sur les principes directeurs, puis sur la question des systèmes imbriqués.

ELINOR OSTROM

Transférer les *design principles* à d'autres échelles ? Oui ou non… Cela dépend. Si c'est pour aller depuis le niveau local jusqu'au niveau national ou international, il faut être prudent et ne pas les utiliser. En fait, mon souhait serait maintenant de n'avoir jamais utilisé le terme *design*, au sens de conception. J'étais en congé sabbatique au ZIF (Zentrum für interdisziplinäre Forschung, Centre pour la recherche interdisciplinaire) à Bielefeld en Allemagne. Avec une grande équipe, nous avions lu et fait le codage de 200 cas d'étude, dans des langues différentes. Pour 50 cas de systèmes d'irrigation et environ 40 cas de pêcheries, le codage obtenu était presque commun. Je pensais alors qu'avec l'année sabbatique et tout le travail déjà réalisé, nous devrions être en mesure de montrer que certaines règles spécifiques étaient vraiment très importantes. Mais au fond de moi, je croyais en un échec. Heureusement, derrière le ZIF, il y avait un grand bois, le Teutoburger Wald, où j'avais l'habitude de me promener, ce qui m'aidait et me rassurait : « ne soit pas contrariée, tu vas y arriver… » Et alors que je pensais que je n'arriverai pas à trouver une seule règle spécifique… uniquement sur les règles de délimitation (*boundary rules*), nous en avons trouvé 128 ! Je n'aurais même pas imaginé que nous en trouvions 128 jusqu'à ce que nous les ayons mis ensemble de façon analytique – ce qui était déjà une synthèse importante.

Car, au-delà d'identifier une règle spécifique, ce qui était au cœur de ces recherches était bien, pour plus de généralité, d'interpréter les différences entre règles de délimitation. Il s'agissait d'identifier un espace de validité, c'est-à-dire des limites entre lesquelles des « règles de délimitation » fonctionnent toujours et lui donner une signification. Ce qui fut malaisé. Alors qu'il est plus évident de donner un sens quand on se demande : existe-t-il une règle de délimitation ou non ?

L'idée que ces règles soient des règles de conception de l'action collective ne se serait pas diffusée si j'avais utilisé le terme de « meilleures pratiques » ou quelque chose comme cela. Mon intérêt était d'identifier les régularités, les cohérences que je trouvais. Ainsi, les systèmes qui ont survécu sur de longues périodes ont des règles spécifiant leur délimitation et beaucoup de ceux qui se sont effondrés n'en avaient pas. Ceux qui survivent ont développé des modes de communication entre personnes, et des moyens de faire face aux conflits et d'œuvrer à leur résolution. Ils disposent aussi de moyens pour le suivi et l'application de sanctions. Or maintenant, nous sommes en quelque sorte coincés avec cette idée de « principes de conception » à long terme, idée qui a donné lieu à beaucoup de discussions. J'y suis sensible maintenant car, alors que notre travail porte sur « ce qui aide en premier lieu les gens à s'organiser », la réponse ne peut être, comme certains le disent, « bien appliquer les principes de conception ». Le niveau d'analyse n'est pas celui-ci. Là où des acteurs se sont organisés avec succès, il faut prendre en compte les systèmes qui ont survécu sur de longues périodes. Or le succès de ces systèmes prouve la robustesse des règles, pas l'auto-organisation.

Car les facteurs qui peuvent aider les gens à s'auto-organiser sont différents des *design principles*. Dans un article de la revue *Science* (Ostrom, 2009a), j'ai mis en évidence un jeu de dix variables facilitant l'auto-organisation, qui sont non pas les seules, mais les variables les plus fréquemment identifiées. Ces variables ne sont pas isomorphes avec les principes de conception, vous pouvez le vérifier par vous-mêmes…

Il nous faut donc bien réfléchir de quoi nous voulons parler : de l'auto-organisation ou de la robustesse ? Nous sommes maintenant en train de traiter deux ensembles qui sont très larges. On peut difficilement transférer à d'autres échelles certains des critères relatifs à l'auto-organisation, par exemple « quand est-il probable que des acteurs s'auto-organisent ? ». Car nous savons maintenant qu'il est difficile de s'auto-organiser si vous ne pouvez pas communiquer avec les autres ou si vous ne partagez pas une base commune. Ces facteurs ont été identifiés comme pouvant favoriser l'auto-organisation. Mais, si nous visons à renforcer la robustesse, nous avons besoin de modifier un peu ces critères.

Maintenant, si nous raisonnons à une échelle plus large, d'une grande unité, d'un grand système socio-écologique, peut-on parler de « limites » ? Peut-on considérer les limites du globe comme des « règles de délimitation » (*boundaries rules*) ? On peut se dire que ces limites ne sont pas significatives pour tout le monde, de toute façon. Donc ces principes sont parfois pertinents et d'autres fois, non. Nous devons donc identifier les principes qui sont les plus pertinents parmi eux et non les considérer comme des tables de la loi !

Comment aller au-delà de l'échelle de la communauté ? Nous pouvons certes le faire mais en équipe. Il est difficile pour un seul chercheur travaillant sur une thèse d'étudier plus d'une, deux ou trois communautés de taille petite à moyenne, à moins de faire partie d'une équipe et de s'appuyer sur des recherches effectuées par d'autres chercheurs. Il ne peut pas aller au-delà par lui-même, car, au début d'une carrière de chercheur, il est également difficile d'obtenir les financements nécessaires pour multiplier les cas étudiés. Il s'agit de comprendre les études individuelles faites à l'échelle communautaire et de les relier ensuite avec les unités, les systèmes plus grands dont ils font partie. Au Népal par exemple, certains des systèmes d'irrigation que nous avons étudiés sont des systèmes agricoles de taille réduite, mais sur l'une des rivières impliquées on dénombre cinq systèmes de gouvernance, dont l'un est à l'échelle de la rivière tout entière. Ensuite, les principaux canaux qui relient les systèmes d'irrigation à la rivière ont trois niveaux de gouvernance jusqu'à leur affluent.

Ces différents niveaux existent aussi physiquement dans certains systèmes d'irrigation américains, mais le système de gouvernance n'est pas organisé aussi efficacement qu'il ne l'est au Népal. Cela ne signifie pas que tout fonctionne bien au Népal ou que tout est mauvais aux États-Unis ; mais que nous devons modifier en partie la doxa des manuels standards des quarante dernières années – voire, nous en débarrasser ! –, manuels pour lesquels plusieurs unités de gestion, et de plus différentes, signifient le chaos. Cela a été le combat de Vincent Ostrom, de moi-même et de nos étudiants depuis longtemps. Vincent a travaillé avec Tieboud dans les années 1960 pour mener ce combat, car la littérature regorgeait de discussions sur les régions métropolitaines urbaines, jugées chaotiques. Quelles données étaient utilisées pour prouver le chaos ? Qu'il y avait 100 systèmes différents… Quand j'ai étudié les organisations de marché en tant qu'étudiante, j'ai toujours trouvé fascinant que l'on considère qu'il était dangereux que des marchés réduisent le nombre d'organisations qui opèrent pour aller vers des structures de monopsones ou de monopoles. Ainsi, passer à un système de marché doté d'un nombre réduit d'unités serait un problème, alors qu'en sciences politiques cela serait un atout !

Nous devons commencer par comprendre ce qui se passe dans les inter-relations entre des unités, et comment elles sont imbriquées. Des unités imbriquées, cela ne signifie pas que les unités d'un niveau supérieur doivent demander que des niveaux inférieurs suivent des règles hiérarchiques. Le polycentrisme lié à des unités enchâssées n'a de sens que lorsque les unités relèvent de différents niveaux, chaque unité différente ayant une compré-hension profonde de ce qu'elle fait et de comment elle est liée à d'autres unités du même niveau, tout en faisant partie d'un groupe plus large. Ceci a pu être observé dans certains cas anciens, mais c'est un phénomène moderne parce que la communication entre les groupes et la reconnais-sance des liens liés à cette communication n'étaient pas vraiment déve-loppées jusqu'à ce que nous ayons le téléphone, la radio, la presse écrite et tout le reste. Désormais, avec les connaissances que nous avons de ces possibilités, nos enseignements doivent changer de façon à ce que nous ne disions pas, quand nous voyons un grand nombre d'unités, débarrassons-nous d'elles, simplifions. Je ne sais pas exactement comment faire mais je continue à essayer d'amener les gens à penser différemment et je pense que nous pouvons aller au-delà.

RECONNAISSANCE DES COMMUNS FACE AUX MODÈLES *TOP DOWN*

LES CHERCHEURS

Comment aller vers une acceptation politique et générale de la gestion commune des ressources naturelles comme une forme viable et efficace de conservation des ressources naturelles à une échelle globale ? En effet, une « conservation basée sur la gestion commune » est encore mal reconnue, à la fois par le grand public et par les décideurs politiques, et continue de subir la pression des modèles et des politiques de conservation *top down* fondés sur l'exclusion ; ce qui se traduit souvent par des conflits.

Comment la recherche peut-elle agir pour que cela se produise sur le terrain politique, au-delà de le démontrer scientifiquement ?

Elinor Ostrom

Oui, la propriété ou l'appropriation commune est encore mal reconnue. Mais, quand vous dites « par le grand public », je me demande si on peut traiter le grand public comme s'il était une unité. Dans tous nos pays, les personnes connaissent le principe de l'appropriation commune, de l'action collective, mais ils ne connaissent pas la terminologie. Quand je me suis rendue dans la zone où Vincent Ostrom est né, dans le nord de l'État de Washington, à quatre miles au sud du Canada, j'ai vu une communauté rurale du comté de Whatcom où le nombre de coopératives est vraiment très important. Donc, dans ce comté de Whatcom où il est né, dans la ville de Nooksack dont je pense personne ici n'a jamais entendu parler, se sont installés, dans les années 1890, des Scandinaves et des Norvégiens qui émigraient pour échapper à la crise de la pomme de terre dans leur pays. Ils y ont retrouvé une zone similaire à leur pays d'origine et ils y ont créé des coopératives rurales. Si vous parlez avec le grand public là-bas, tout le monde comprendrait ce type d'organisation. C'est aussi le cas dans un très grand nombre de zones rurales à travers le monde. Si vous êtes par exemple dans une zone où chacun a des poêles à bois avec des risques fréquents d'incendie et qu'il n'y a pas de puissants moyens de lutte contre le feu comme des camions de pompiers, alors la réponse est l'auto-organisation. Les acteurs vont se mettre d'accord pour coopérer et construire une nouvelle maison pour tous ceux dont la maison a brûlé. C'est tout simplement la vie, et la façon dont elle s'organise. Et ces acteurs seront surpris quand ils verront que, dans une grande ville, ce genre d'institutions n'existe pas. Donc, pour une grande partie du public en général, ce genre de choses est tout à fait naturel. Pour le public des villes, cela dépend vraiment de l'endroit et de la tradition dans la zone urbaine.

Nous avons étudié le fonctionnement de la police dans la région métropolitaine de Saint-Louis car il y avait 98 villes, qui avaient chacune 10, 15, 25 000 habitants mais s'étaient organisées. L'idée d'auto-organisation et de responsabilité était très importante pour les services de police dans ces villes. Si nous revenons aux États-Unis en 1910, on comptait 110 000 districts scolaires et nous en sommes maintenant à 15 000. Pourquoi ? Parce que des universitaires ont pensé que cette organisation était trop chaotique et que de nombreux districts scolaires devaient être supprimés. Pour un directeur d'école, il était prestigieux de devenir le directeur d'une très grande école, car cela donne un pouvoir plus important… Et pour le grand public, comme pour les universitaires qui ne comprenaient pas ce système, la réduction du nombre de districts scolaires ne posait pas de problème. La littérature des années 1950 sur les agglomérations urbaines va aussi sans ce sens. Des universitaires ont critiqué les citoyens, qui auraient voté contre ce regroupement de villes, par ignorance ou par stupidité. Eh bien je pense que les citoyens ont mieux compris que les universitaires ce qui était en jeu avec les agglomérations.

INTERPRÉTATION DES ACTIONS DE L'AUTRE : CONFIANCE, RÉCIPROCITÉ

LES CHERCHEURS

Comment un individu interprète-t-il les signaux qui viennent des autres et du groupe ? Est-ce que la confiance favorise la réciprocité ou est-ce que la réciprocité engendre la confiance ?

Sur ce sujet, nous ne pouvons sélectionner des passages extraits des réponses d'Elinor Ostrom. Un élément de réponse est issu d'anecdotes liées à son expérience ou à celle de collègues proches, notamment des observations en situation expérimentale.

Ces réponses ont fait référence à la capacité des participants à signaler d'autres positionnements dans l'action collective que la stratégie pour répondre au problème posé. Ces observations empiriques montrent en particulier le rôle positif de la communication pour parvenir à une collaboration entre les individus. On reste sur des compromis basés sur la confiance. Cependant, la mise en place de normes et le passage par les émotions ont aussi été observés dans des cadres expérimentaux tels que ceux mis en place par Elinor Ostrom. Elle a ainsi rapporté dans le débat une anecdote dans laquelle une participante a su faire passer un message de réaction émotionnelle (le sentiment d'avoir été trahie) en mobilisant l'équipement présent dans la salle d'expérience (en l'occurrence un micro) et en inventant une expression pour décrire ce qu'elle ressentait.

Elinor Ostrom nous a ainsi orientés vers cette notion de « signal », comme composante clé d'un processus de communication, en lui donnant une profondeur de sens qui inclut non seulement l'objet de la communication, mais aussi des éléments permettant de décrypter les émotions, les cadres culturels ou les valeurs sous-jacents. Il reste que cette notion, si elle enrichit bien le cadre de l'*Institutional Analysis and Development* dans son acception courante, reste liée à une communauté de pratique, d'échange, dont les limites sont clairement définies. Le signal émis est supposé avoir un récepteur. Comment cette hypothèse tient-elle dans des situations fortement hétérogènes ? Même si les exemples pris dans les ouvrages d'Elinor Ostrom se basent sur des agents doués de compétence de calcul, rien n'empêche d'étendre les règles de choix des individus à d'autres formes d'interprétation et de réaction à une situation donnée.

ENGAGEMENT DU SCIENTIFIQUE, SA RELATION À L'OBJET, À LA THÉORIE, AUX CADRES ET AUX ACTEURS

LES CHERCHEURS

Quelles sont votre expérience et votre posture sur la dialectique entre recherche analytique et recherche-action ? Faut-il proposer des instructions relatives à l'éthique ?

Le cadre d'analyse des systèmes socio-écologiques a été développé pour répondre à une question spécifique : selon quelles conditions peut s'organiser une action collective permettant de limiter la surexploitation des ressources naturelles ? D'autres questionnements relatifs aux autres dimensions de la durabilité (biodiversité, bien-être par exemple) renvoient nécessairement à d'autres manières de représenter et de modéliser les systèmes socio-écologiques. La question du cadre d'analyse et des conditions de sa mobilisation doit être clarifiée, notamment celle du rapport du chercheur à son objet d'étude et donc son point d'entrée dans l'analyse. L'impossibilité d'extrapoler un tel cadre d'analyse à toutes situations de gestion de l'environnement réside en partie dans son ancrage théorique néo-institutionnaliste. Il convient donc de questionner la relation du chercheur au cadre d'analyse.

Enfin, si ce dernier se donne pour objectif de contribuer à une science appliquée de la durabilité, la question de l'action se doit d'être posée en termes plus précis, et plus particulièrement la question du rapport du chercheur à l'action.

ELINOR OSTROM

L'objet du cadre d'analyse des systèmes socio-écologiques est non pas d'être une théorie utilisée pour étudier un problème particulier mais plutôt de fournir un langage commun aux différentes disciplines intéressées par le problème considéré. Je conçois les cadres d'analyse, les théories et les modèles (voir chapitre Des systèmes socio-écologiques durables) comme des systèmes de langages gigognes en quelque sorte. Un premier niveau de lecture du cadre d'analyse des systèmes socio-écologiques est de comprendre que, si on s'intéresse à la dynamique des ressources et des questions environnementales en se concentrant uniquement sur la gouvernance et les acteurs, on manque inévitablement une grande partie du problème. De la même façon, si on focalise uniquement notre attention sur le système ressource, on manque l'autre grande partie du problème. Un des enjeux de la recherche est de comprendre suffisamment le système ressource et les unités de ressource afin de comprendre pourquoi certaines règles d'usage fonctionnent dans un contexte donné et pas dans un autre.

Mettre en œuvre sérieusement des recherches empiriques comparatives demande d'aller évidemment au-delà de ce premier niveau de lecture[26].

L'approche coût-bénéfice au niveau des agents individuels permet d'explorer comment rendre possible une transition vers une nouvelle règle, un changement d'institution. La difficulté naît lors du retour au terrain. En pratique, on ne sait pas mesurer les coûts de transaction. On peut les mobiliser dans les théories, mais pas les mesurer précisément. Avec Xavier Basurto, nous avons travaillé sur les pêcheries côtières au Mexique. Nous avons tenté de mesurer même sommairement (selon une catégorisation grossière du type faible, moyen, élevé) dix variables du cadre d'analyse des systèmes socio-écologiques. Nous avons essayé de comprendre les défauts d'organisation de certaines communautés de pêcheurs. La grande taille du groupe, l'absence de leaderships et de confiance, etc. étaient les principales causes. À travers ce travail et en particulier l'histoire de la surpêche d'une réserve mise en place par une communauté de pêcheurs, nous avons démontré comment le cadre d'analyse des systèmes socio-écologiques pouvait être utile pour étudier la robustesse des systèmes socio-écologiques. Il semble être un concept pertinent permettant d'explorer toutes les questions, d'élaborer une compréhension commune des problèmes malgré le niveau de détail des divers langages spécialisés. Il ne s'agit pas de remplacer les langages scientifiques, bien plus précis, mais de les compléter et de construire un objet interdisciplinaire que nous partageons.

Je ne sais pas comment nous, les scientifiques, pouvons « promouvoir les communs »… En tant qu'universitaire, nous faisons des recherches rigoureuses sans idéaliser la propriété commune, car alors nous sortirions de la rigueur requise. Nous faisons un travail d'analyse descriptive très prudent, pour le tester et montrer dans quelles conditions il y a échec. Car je ne connais pas d'organisation ni d'arrangement organisationnel qui ne subisse pas quelques échecs. Alors à la question que pouvons-nous faire en tant que chercheurs, je répondrai aider les gens à apprendre de l'expérience et de l'échec…

Parce que si tout ce que nous faisons est de nommer les choses, cela ne nous permet pas d'apprendre. Et permettez-moi de revenir brièvement sur l'exemple du marché : des données concrètes montrent que, dans le cas des entreprises privées, les défaillances de marché sont très importantes. Un tiers à deux tiers de l'ensemble des entreprises privées ne survivent pas au-delà de leurs cinq premières années. C'est accepté du point de vue des économistes qui considèrent que « c'est parfait, les bonnes idées survivent, et les mauvaises meurent », et donc que l'échec peut être vu comme un processus normal et efficace. Ce n'est pas le cas en sociologie, en sciences

---

26. Dans ses travaux, Elinor Ostrom a développé un modèle mathématique pour explorer pourquoi et comment les acteurs s'engagent dans de nouvelles institutions (Ostrom *et al.*, 2009a).

politiques et dans d'autres disciplines des sciences sociales qui ont tendance à considérer l'échec comme horrible à tout niveau. Bien sûr, aucun d'entre nous ne veut voir une personne sympathique essayer une nouvelle idée et échouer... Mais si nous pensons au niveau du système, constatons que, si nous ne faisons pas des efforts pour essayer de nouvelles idées, pour tenter, nous n'aurons jamais de systèmes qui évoluent. Je ne devrais pas dire « jamais », car nous voyons des systèmes dynamiques mais, à tout le moins, nous allons les décourager, en leur posant un couvercle dessus.

[…] Franchement, j'ai 77 ans. Je travaille toujours,
j'enseigne toujours, j'écris toujours,
mais je ne serai [encore] productive que quelques années.

Ce sont les jeunes qui ont 25 ou 50 ans devant eux,
donc beaucoup de temps, s'ils travaillent ensemble,
en essayant de réfléchir à la manière de croiser les disciplines,
d'utiliser plusieurs méthodes, de traiter les questions
du changement de la science économique
ou de la compréhension du contexte économique.
Y a-t-il un problème près de là où vous êtes né
et vous avez grandi ? Y a-t-il quelque chose
près d'ici que vous pourriez être en train d'étudier ?
Que pourriez-vous faire en un an à l'étranger ?
… Et faites-le.

Nous avons ainsi la possibilité
de produire un énorme changement…

Extrait de la conférence d'Elinor Ostrom
donnée à Montpellier en 2011.

DE QUELQUES VOYAGES AVEC ELINOR OSTROM

Meriem Bouamrane

La première fois que j'ai entendu parler d'Elinor Ostrom, c'est grâce à Jacques Weber. Je faisais un travail de terrain en Indonésie, en 1994, dans des agroforêts de *shorea javanica*, plus communément appelées Damar, à Sumatra ouest, soutenu par l'IRD (ex-Orstom). La propriété collective, les communs – cette forme spécifique de modes de gouvernance qui place les décisions collectives des communautés au centre du jeu socio-économique – étaient au cœur de mes travaux de recherche à l'époque. Je découvrais un autre monde et aussi d'autres modes de pensées. Je découvrais qu'il y avait d'autres intérêts que la seule recherche du profit individuel pour guider la prise de décision de fermiers. Je découvrais dans ces agroforêts indonésiennes qu'il y avait autre chose que l'État et le marché, comme Elinor Ostrom le démontrera dans de nombreuses études, au Nord comme au Sud, sur la gestion par des groupes d'usagers des ressources de pêche, d'élevage, des forêts ou des lacs. Elle a montré que leur organisation était souvent plus efficace que ne le prétend la théorie économique et elle a remis « en cause l'idée selon laquelle la propriété commune est mal gérée et doit être prise en main par les autorités publiques ou le marché ». Je découvrais qu'il existait des modes d'organisation et de gestion des ressources collectives basées sur la confiance et sur des règles de transmission qui dépassaient la rationalité économique. Je découvrais que les fermiers de Sumatra pouvaient avoir des taux d'actualisation élevés que la seule théorie économique néoclassique ne pouvait rationnellement ni prévoir, ni expliquer. Je découvrais la notion d'irréversibilité. Ces questions soulevées par les biens communs ont longtemps été ignorées par la science économique, par la politique et les mouvements sociaux. Je découvrais aussi le caractère novateur, la force des réflexions d'Elinor Ostrom.

La première fois que j'ai rencontré Elinor Ostrom, ce fut à Berlin à l'occasion d'un séminaire de Resilience Alliance, grâce à Michel Étienne qui lui avait parlé des réserves de biosphère du Programme MAB sur l'homme et la biosphère de l'Unesco, sur l'île de Vancouver, en Colombie-Britannique (Canada). Elinor Ostrom avait tout de suite pressenti que ces territoires se comportaient comme des systèmes socio-écologiques et qu'ils pouvaient être de formidables terrains d'expérimentation de son cadre d'analyse des systèmes socio-écologique, introduit dans deux articles en 2007 et en 2009. Elle présenta ce cadre et ses réflexions lors de sa venue à l'Unesco en 2011, conférence qui est retranscrite dans cet ouvrage collectif.

Quand nous nous sommes rencontrées à Berlin, nous avons aussi découvert que nous avions un autre ami en commun, Arun Agrawal, qui faisait partie de son réseau de chercheurs de l'Ifri (International Forestry Resources and Institutions). Leurs recherches ont montré que le mode de propriété n'apparaît pas essentiel pour expliquer la conservation et la pérennité des forêts. Ces travaux ont influencé les dirigeants politiques de nombreux pays, ainsi que de nombreuses organisations non gouvernementales et associations. Ce fut une grande joie de commencer à travailler avec elle sur ce projet de recherches, qui visait à utiliser les réserves de biosphère et les sites forestiers de l'Ifri pour étudier la soutenabilité des systèmes socio-écologiques, renforcer leur résilience et reconnecter les sociétés humaines à la biosphère.

Je me souviens encore avec gratitude, émotion et joie de nos discussions, notamment en Inde, aux États-Unis, en France. Je me souviens de nos voyages en France, entre Paris et Montpellier, lors de ses conférences et ateliers que ce livre retrace, du bonheur de partager ces moments précieux et rares avec Lin, et aussi avec Jacques, Martine, François et Roland. Merci à vous compagnons de route de ce partage et pour ce livre qui témoigne de ces moments.

Je me souviens avec émotion de notre dernière rencontre au Royaume-Uni, à Londres, et de notre dernière discussion, de son incroyable énergie de vie, de son invitation à continuer et à avancer.

Elinor Ostrom a conjugué avec talent différents savoirs, différentes disciplines et méthodes. Cette approche lui a permis de démontrer qu'il existe des interactions basées sur la confiance, la réciprocité, qui peuvent contribuer à résoudre des problèmes complexes. Elle a aussi démontré l'importance du contexte dans lequel les individus interagissent. Ce contexte peut soit favoriser, soit détruire la confiance et la réciprocité. Elle a remis la valeur centrale de la confiance au cœur de la gestion des problèmes d'action collective. Les résultats des travaux de modélisations qu'elle a réalisées ont également mis en évidence l'importance de la communication en face-à-face pour régler une variété de problèmes, de dilemmes sociaux. Des enseignements à revisiter, à méditer en profondeur dans le contexte de notre actualité.

Son époux, Vincent Ostrom, parlait de leur travail comme d'une forme d'artisanat. Immense respect à ce couple hors du commun.

Des quelques moments privilégiés que j'ai eus avec elle, je me souviens de son rire, de sa joie, de sa simplicité, pour ne pas dire son humilité, de son enthousiasme, de sa curiosité. De sa gentillesse et de sa profonde humanité. Je me souviens de son envie de transmettre, de partager, d'aller plus loin, toujours plus loin. Sa capacité de travail était impressionnante : j'y ai ressenti une nécessité d'investir pour l'avenir, mêlé à un sentiment d'urgence à la fin de sa vie.

L'Association internationale pour l'étude des biens communs[27], dont elle fut la fondatrice et la première présidente, a créé en son honneur la bourse Elinor Ostrom pour la gouvernance collective des biens communs[28]. Créée pour honorer et développer l'héritage d'Elinor Ostrom, la bourse vise à reconnaître et à promouvoir le travail des praticiens, des jeunes et des universitaires dans le domaine des biens communs. S'appuyant sur son vaste héritage, la bourse va à des travaux universitaires et appliqués sur les biens communs traditionnels, locaux, interdépendants et globaux, sur la connaissance, ainsi que sur les communs culturels et virtuels. Nous en sommes à la troisième édition de remise de cette bourse pour chercheurs et praticiens.

Elinor Ostrom était une femme solaire, visionnaire. Je la voyais, dans ces voyages, lors de ses conférences, dans ses écrits, comme une jardinière de la planète qui semait inlassablement des graines dans les esprits et dans les cœurs des gens, partout dans ce monde. Elle a soutenu tant de jeunes chercheurs, elle stimulait notre curiosité intellectuelle, elle remettait en cause et réfutait les croyances et des hypothèses classiques limitantes. Elle fut une rencontre exceptionnelle dans ma carrière et dans ma vie. Un modèle de femme remplie d'humanité et de simplicité. Un être humain joyeux, plein de vie, respectueux de la diversité et des différences, vécues comme des sources d'enrichissement, d'opportunités et de créativité. Elle me manque énormément.

Meriem Bouamrane est chercheur.e économiste de l'environnement, spécialiste du programme sur l'homme et la biosphère, Unesco.

---

27. IASC, www.iasc-commons.org (consulté le 13 avril 2017).
28. L'information et les détails sur la candidature à la bourse sont disponibles à l'adresse Internet suivante : http://elinorostromaward.org (consulté le 13 avril 2017).

PERSONNES CITÉES

Ashby, Ross
Un des auteurs les plus célèbres du courant systémique. Il a travaillé sur la variété des systèmes, autrement dit le nombre de leurs configurations possibles (comportements, fonctionnements, structurations). Il en a tiré un principe dit de variété requise : un système S1 (système de contrôle) ne peut assurer la régulation d'un système S2 (système contrôlé) que si sa variété est supérieure ou au moins égale à celle de S2. Autrement dit, si un système régulateur n'est pas aussi complexe que le système dont il assure le contrôle, il ne va en réguler que la partie correspondant à son niveau de complexité. Dans un tel cas, soit il réduit les potentiels du système contrôlé (en lui imposant ses propres limitations), soit il se fait déborder par lui. http://bricks.univ-lille1.fr/M23/cours/co/chap02_02.html.

Berkes, Fikret
Écologue, professeur à l'université du Manitoba, directeur depuis 1991 de la chaire de recherche du Canada sur les ressources naturelles. Ses travaux se situent à l'interface entre sciences naturelles et sociales, et traitent des communs en mettant l'accent sur la gestion adaptative, la résilience et les connaissances traditionnelles.

Commons, John Rodger
Économiste de l'université du Wisconsin, décédé en 1945. Il est l'un des fondateurs du courant institutionnaliste américain avec Thorstein Veblen. Ses travaux, qui ont une forte dimension empirique, traitent du travail comme du statut de la propriété privée et s'inscrivent dans un cadre analytique de l'action collective et du rôle des institutions.

Griffon, Michel
Agronome, spécialiste des pays en développement, directeur d'unité de recherche au Cirad, puis directeur scientifique du Cirad. Il a dirigé le département Écosystèmes et développement durable de l'Agence nationale de la recherche (ANR) de 2005 à 2008 avant d'en devenir directeur général adjoint. Ses travaux ont contribué à développer les concepts de révolution doublement verte et d'intensification écologique de l'agriculture.

Hardin, Garret

Biologiste américain et professeur d'écologie de l'université de Californie, Hardin a popularisé sous le nom de « La Tragédie des biens communs », dans un article paru dans *Science* (1968), le problème de la surexploitation des ressources, précédemment analysé dans le cas des pêches, et propose des solutions institutionnelles.

Morin, Edgar

Sociologue et philosophe français qui a popularisé les notions de système et de complexité en France.

Olson, Mancur

Économiste, directeur d'un centre de recherche spécialisé dans le soutien aux économies en développement de l'université du Maryland. Ses recherches ont contribué à la théorie des choix publics. Auteur d'un ouvrage, *Logique de l'action collective* (Olson, 1978), qui a fait date en présentant les caractéristiques de l'action collective comme analogues à celle d'un bien public et en soulignant les conséquences de cette analyse pour les sciences sociales, il s'interroge sur les fondements de l'action collective et conteste sa faisabilité dans de vastes groupes. Font référence à cette théorie plusieurs auteurs et analyses relatives aux origines et à la nature des organisations ou encore aux formes du développement économique. Olson débute son ouvrage de la manière suivante : « Toutes choses égales par ailleurs, plus le nombre d'individus ou de firmes qui bénéficieraient d'un bien collectif est élevé, plus est réduite la part des gains issue de l'action du groupe qu'en retire chaque individu ou firme qui entreprend l'action. En l'absence d'incitations sélectives, l'incitation pour une action du groupe se réduira avec l'augmentation de la taille du groupe, de telle sorte que des groupes étendus sont moins susceptibles d'agir dans leur intérêt commun que des petits groupes » (Olson, 1982).

Ostrom, Vincent

Politiste et économiste, professeur puis mari d'Elinor Ostrom. Il a créé avec elle en 1973 le Workshop in Political Theory and Policy Analysis. Son travail a largement porté sur l'administration et il a développé le concept de polycentricité avec Tiebout et Warren (1961).

Simon, Herbert

Politiste et économiste américain. Après une carrière d'enseignant en science politique dans plusieurs instituts de technologie ou d'administration industrielle, il reçoit le prix Nobel d'économie en 1978 pour des recherches qui associent la psychologie cognitive et l'économie des organisations. La rationalité limitée*, procédurale (cadre dans lequel s'inscrit Elinor Ostrom) et la remise en cause des certains des fondements des théories du choix rationnel constituent le cœur de sa pensée. Son intérêt pour les procédures de décisions et l'intelligence artificielle (à base d'informatique) en fait un des pionniers de ces questions aux États-Unis.

Stern, Nicolas

Économiste britannique, professeur à la London School of Economics, titulaire de la chaire développement durable du Collège de France (2010) et ancien vice-président de la Banque mondiale (2000 à 2003), conseiller économique du gouvernement britannique de G. Brown pour lequel il publie le rapport Stern sur l'économie du changement climatique en 2006, dans lequel il développera le concept du coût de l'inaction dans le domaine du climat.

Tiebout, Charles Mills

Économiste et géographe américain. Il est connu pour le « modèle Tiebout » dans lequel il suggère une solution non politique au problème du passager clandestin dans les collectivités locales, à savoir « le vote par les pieds », c'est-à-dire le déplacement par des individus qui changent ainsi de lieux. Le choix résidentiel est ainsi expliqué par le niveau d'offre de biens publics locaux, offre financée par les dépenses des collectivités locales.

Weber, Jacques

Économiste et anthropologue français, fondateur de l'équipe Green du Cirad en 1993, puis directeur de l'Institut français de la biodiversité. Il a développé une analyse des modes d'appropriation des ressources et invité Elinor Ostrom dès 1994 pour un séminaire à la maison Suger des Sciences de l'homme à Paris.

GLOSSAIRE

Action collective (ou coopération) (voir typologie des biens)

Action entreprise par un groupe (soit directement, soit en son nom au travers d'une organisation) en faveur des intérêts partagés et perçus de ses membres (Scott et Marshall, 2009). Les théories de l'action collective se réfèrent au partage des coûts et des avantages de l'action collective pour gérer des biens publics ou collectifs.

Arène d'action (voir aussi *IAD*)

« Une arène d'action inclut des participants et plusieurs situations d'action qui représentent l'espace social dans lequel des participants ayant diverses préférences interagissent, échangent des biens et des services, résolvent des problèmes, se dominent les uns les autres ou se combattent (entre autres choses que peuvent faire des individus dans des arènes d'action) » (Ostrom, 2005).

Les caractéristiques internes d'une situation d'action ont été décrites par Elinor Ostrom dès 1975.

Auto-organisation (voir aussi normes, règles)

Dans certains cas, en organisant elles-mêmes l'exploitation de leurs ressources communes, des communautés d'individus parviennent à de meilleurs résultats que des formes alternatives d'organisation. La connaissance locale accumulée par l'expérience, la confiance sont des atouts précieux pour élaborer des règles efficaces qui, dans de nombreux cas, n'émergent qu'à l'issue d'un long processus d'essais et d'erreurs. Ostrom entend fournir un cadre théorique remettant en cause la présomption selon laquelle « les individus ne savent pas s'organiser eux-mêmes et auront toujours besoin d'être organisés par des autorités externes » (Ostrom, 2010).

Biens communs (voir typologie des biens)

Bien public ou collectif (voir typologie des biens)

Communs (ou *common pool resources*)

Nous utilisons le terme de common-pool resources (CPRs) pour faire référence à des systèmes de ressources indépendamment des droits relatifs à leur appropriation. Les CPRs incluent des ressources naturelles ou élaborées par l'homme pour lesquelles (i) l'exclusion des bénéficiaires par des moyens techniques ou institutionnels est particulièrement coûteuse , et (ii) l'exploitation par un usager réduit la disponibilité de la ressource pour d'autres » (Ostrom, 1999, trad).

Les communs sont un terme général pour désigner des ressources partagées par des usagers qui ont chacun un même intérêt. Les études sur les communs incluent les communs informationnels qui portent sur la connaissance publique, la science ouverte, l'échange libre d'idées, questions au cœur de la démocratie directe (Digital Library of the Commons, https://dlc. dlib.indiana.edu/dlc/contentguidelines).

Co-management (ou co-gestion)

« Fait référence à des programmes visant à augmenter l'implication directe de l'usager dans la gestion des ressources, en conjonction avec la persistance d'un rôle de l'État à certains niveaux » (Vedeld, 1996).

Confiance (voir aussi dilemmes sociaux)

Pour Elinor Ostrom, la confiance est le facteur essentiel qui permet aux usagers d'une ressource commune de résoudre un dilemme de premier ordre : chaque usager aura confiance dans le fait que les autres usagers respecteront les règles et qu'il n'y aura donc pas de tricheur (passager clandestin) qui bénéficiera individuellement de l'effort de ceux qui respectent les règles.

Congruence (voir aussi principe directeur, *design principle*)

Le second principe directeur d'Elinor Ostrom précise que les règles d'appropriation et de fourniture doivent être congruentes (coïncider, être ajustées) avec les conditions sociales locales et environnementales. Pour Cox *et al.* (2010), « la réalisation de ce principe dépend de deux conditions. La première est que les règles d'appropriation et de fourniture soient congruentes avec les conditions locales, mais aussi qu'une congruence existe entre règles d'appropriation et de fourniture ».

Coopération (voir action collective)

Dilemmes sociaux, dilemme de premier ordre, dilemme de second ordre (voir aussi théorie du choix rationnel)

Un dilemme social est une situation dans laquelle le comportement qui convient le mieux aux intérêts d'un individu est désastreux pour le groupe quand chacun l'adopte. Un dilemme de premier ordre porte sur le partage de la ressource, un dilemme de second concerne le respect ou non des règles mises en place pour résoudre le dilemme de premier ordre.

« Au lieu de présumer que les individus partageant un commun sont inévitablement pris dans un piège dont ils ne peuvent sortir, nous pensons que la capacité des individus de s'extraire eux-mêmes des divers types de dilemmes peut varier d'une situation à une autre, […] illustrer des réussites et des échecs pour en éviter les conséquences » (Ostrom, 1990).

Équilibre de Nash (voir aussi théorie des jeux, expérimentation, tragédie des communs)

L'équilibre de Nash est une situation qui résulte des interactions entre plusieurs joueurs au sein de laquelle la stratégie choisie par chacun est la meilleure réponse aux stratégies choisies par les autres. Aucun des joueurs n'a donc intérêt à changer de stratégie et la situation restera donc stable.

Expérimentation (voir aussi équilibre de Nash, théorie des jeux, tragédie des communs)

Elinor Ostrom a beaucoup utilisé la méthode de l'économie expérimentale pour tester des hypothèses et observer l'influence de certains facteurs. Une expérience consiste à créer un environnement contrôlé qui correspond à une situation reflétant les conditions d'une théorie dans lequel des personnes (appelées joueurs) vont prendre des décisions. Les décisions que les joueurs prennent permettent de conforter ou d'invalider la théorie, ou de tirer des conclusions sur les variables qui influencent les choix.

Externalité à dimension de bien commun (voir aussi typologie des biens)

Il y a externalité (on parle aussi d'effet externe) lorsque les choix d'un agent économique, en termes de consommation ou de production, ont un impact sur le bien-être d'un ou de plusieurs autres agents économiques. Cet impact peut être positif ou négatif (on parle d'externalité positive ou négative) et a la particularité d'être non intentionnel. Et, surtout, les externalités sont externes au marché en ce sens qu'elles ne font pas l'objet de transactions marchandes, et n'ont donc pas de valeur marchande (Weber, 1993).

Les externalités à dimension de bien commun, comme la pollution qui peut apparaître comme une forme d'utilisation du bien commun, ne sont pas mentionnées dans l'ouvrage séminal d'Elinor Ostrom (1990).

Faisceaux de droits

Les faisceaux de droits relatifs à une ressource incluent un ensemble de droits autonomes : droit d'accès et prélèvement, droit de gestion, droit d'exclusion et droit d'aliénation. La détention d'un ou plusieurs de ces droits définit une position du détenteur (depuis ayant droit autorisé, à propriétaire en passant par usager). Une distinction peut alors être faite : la propriété apparaît comme un faisceau qui associe tous les droits jusqu'à l'aliénation alors que l'appropriation n'inclut pas le droit d'aliénation. Une communauté peut être détenteur de ces droits pour une ressource dont l'usage est partagé, ce qui définit un régime d'appropriation commune. (Schlagger, Ostrom 1992).

Gestion communautaire des ressources naturelles (voir gouvernance, co-gestion)

Gouvernance (voir aussi régime de propriété)

« L'exercice d'une autorité légitime dans des transactions sociales, [...] pour assurer le maintien d'un ordre social, au travers d'un ensemble de règles endogènes évolutives ou de structures d'autorité, ou encore au travers de combinaison de règles issues d'évolutions locales ou imposées de l'extérieur » (Mearns, 1996, cité dans le Programme International du CGIAR sur l'action collective et les droits de propriété).

La gouvernance est « une fonction sociale centrée sur la direction de groupes humains visant des bénéfices mutuels et évitant des résultats néfastes réciproques » (Brondizio *et al.*, 2012).

Alors que plusieurs auteurs considèrent ce terme comme un concept qui n'a pas de définition stabilisée, le terme gouverner apparaît chez Elinor Ostrom dès son ouvrage de 1990.

IAD ou *Institutional Analysis and Development* (voir aussi arène d'action)

Cadre d'analyse qui met en relation des participants, des règles et des attributs du contexte biophysique définissant une arène d'action.

Institutions (voir normes, règles, polycentricité)

Elinor Ostrom fait référence à la définition de W. North : « règles du jeu dans une société ou, plus formellement, les contraintes conçues par l'homme qui donnent forme aux interactions humaines » (North, 1990, cité par Ostrom, 1990).

« Les institutions sont rarement "privées ou publiques" – le marché ou l'État. Plusieurs institutions opérationnelles sont un riche mélange d'institutions "ressemblant au privé" ou "ressemblant au public", renvoyant la classification à une dichotomie stérile. Quand je parle d'institutions opérationnelles, cela désigne des institutions qui permettent aux individus d'atteindre des résultats satisfaisants dans des situations où les tentations de se comporter en "passager clandestin" ou de se défiler sont toujours présentes. Un marché concurrentiel – incarnation même d'une institution relevant du privé – est lui-même un bien collectif » (Ostrom, 1990).

Les institutions couvrent tous les aspects de la vie, depuis les services publics à la famille et aux structures communautaires, jusqu'aux ressources naturelles et au-delà, et les recherches menées par l'atelier aident les acteurs à concevoir et à adapter leurs institutions, afin d'en obtenir de meilleurs résultats (traduit d'après https://ostromworkshop.indiana.edu/about/history/index.html).

Jeu formel (voir expérimentation, équilibre de Nash, théorie des jeux)

Normes (voir aussi institutions, règles)

Pour Hinkel *et al.* (2014), Elinor Ostrom a fait deux types de distinctions entre normes et règles. Pour Crawford et Ostrom (1995), les règles sont des institutions qui spécifient les mécanismes de sanction tandis que les normes sont des institutions qui ne les spécifient pas. Sur cette base et dans d'autres travaux, Elinor Ostrom associe les normes à l'échelle des groupes d'acteurs tandis qu'elle associera les règles au système de gouvernance.

Organisation (voir aussi action collective)

Dans le cadre de règles de choix collectifs, une organisation est un groupe d'individus qui recherchent un accord sur des objectifs collectifs. « Une organisation d'individus qui constituent une entreprise permanente n'est qu'une forme d'organisation pouvant résulter du processus d'organisation » (Ostrom, 2010).

Passager clandestin (voir confiance)

Polycentricité (voir institutions, gouvernance)

« Le terme "polycentrique" caractérise une situation dans laquelle de nombreux centres de prise de décision sont formellement indépendants les uns des autres. Qu'ils fonctionnent réellement de manière indépendante ou, au contraire, qu'ils forment un système interdépendant de relations est une question empirique qui doit être étudiée dans des cas particuliers. Dans la mesure où elles se prennent mutuellement en compte dans leurs rapports de concurrence, entrent en relation dans divers engagements contractuels et coopératifs ou ont recours à des mécanismes centralisés pour résoudre leurs conflits, les différentes juridictions politiques d'une zone métropolitaine peuvent fonctionner d'une manière cohérente et selon des logiques de comportements d'interaction prévisibles. Dans la mesure où ces traits sont rassemblés, on peut dire qu'elles fonctionnent comme un "système" » (Ostrom *et al.*, 1961, cité dans Ostrom, 2011b).

Principe directeur (ou principe de conception ou *design principle*)

« … j'ai cherché à comprendre à un niveau général les régularités institutionnelles que l'on rencontre dans les systèmes qui ont existé pendant de longues périodes et qui n'existaient pas dans les systèmes qui ont disparu. J'ai utilisé le terme de principes directeurs pour caractériser ces régularités… » (Ostrom, 2011b).

Rationalité limitée (voir théorie du choix rationnel)

« L'hypothèse de rationalité des théories de la "première génération" a été rejetée à plusieurs reprises par les recherches empiriques menées sur le terrain et au laboratoire » (Ostrom, 1998). « Les individus ne calculent pas un ensemble complet de stratégies pour toutes les situations qu'ils rencontrent ; et d'ailleurs, peu de situations dans la vie génèrent l'information sur toutes les actions possibles que l'on peut entreprendre, sur tous les résultats qui peuvent être obtenus ou sur toutes les stratégies que les gens peuvent choisir » (Hollard et Sene, 2010). « La seule hypothèse raisonnable que l'on peut formuler sur les processus de calcul et de découverte est que les acteurs sont engagés dans un apprentissage fondé sur un grand nombre d'essais et d'erreurs » (Ostrom, 1990).

Régime de propriété ou d'appropriation (voir aussi gouvernance)

Un régime de propriété distingue (i) la nature du détenteur (individu, groupe, État ou collectivité locale) ; (ii) la nature des droits (d'accès, d'usage, de gestion, de cession, d'aliénation) (Schlagger et Ostrom, 1992). Les droits liés à l'appropriation sont relatifs à « des actions qui peuvent être entreprises entre les hommes à propos de "choses" » (Agrawal et Ostrom, 2001). Ils renvoient aux revendications, appropriations et obligations connexes entre acteurs qui sont relatifs à l'usage et la mise à disposition d'une ressource rare (Furobotn et Pejovich, 1972).

Il y a une ambiguïté entre les termes anglais respectivement *property et ownership* pour appropriation et propriété (de parfaits faux-amis), ambiguïté qui a longtemps conduit à une confusion sur la « propriété commune ». La propriété privée est un cas particulier de régime d'appropriation.

Règles (voir institutions, normes, règles opérationnelles, règles collectives, règles constitutionnelles))

Règles opérationnelles (voir aussi institutions, normes)

Les règles « opérationnelles » sont appliquées aux actions au jour le jour, et définissent notamment les droits et les obligations des parties, tels que, dans le cas des ressources communes, les droits d'accès aux ressources et les droits d'obtenir des produits des ressources (*withdrawal*) (Ostrom et Basurto, 2013).

Règles collectives (voir aussi institutions, normes)

Les règles « de choix collectif » déterminent qui participe aux activités opérationnelles et comment les règles opérationnelles peuvent être modifiées, c'est-à-dire qui a l'autorité sur la gestion (Ostrom, 1990).

Règles constitutionnelles (voir aussi institutions, normes)

Les règles « de choix constitutionnel » qui fondent une organisation (ou un pays) encadrent les règles de choix collectifs en déterminant qui peut y participer, et quelles règles sont mises en œuvre pour établir les règles de choix collectifs (Ostrom, 1990).

Règles de délimitation (voir aussi congruence)

« L'existence de délimitations clairement définies à la fois sur les individus ayant accès à la ressource et sur les limites de la ressource elle-même » est le premier des huit principes de conception (ou *design principles*) qui caractérisent des institutions efficaces, principes développés dès 1990 (Ostrom, 1990).

Suite aux travaux de Cox *et al.* (2010), Ostrom distingue :
– les limites entre utilisateurs et non utilisateurs : des limites claires et comprises de tous au plan local existent entre les utilisateurs légitimes et ceux qui ne le sont pas ;

– les limites des ressources : des frontières claires séparent une ressource commune spécifique d'un système socio-écologique plus large (Ostrom, 2011b).

Les débats sur ce principe portent sur l'adéquation (la congruence) entre les limites de la ressource et les limites issues de la définition claire des détenteurs (Cox *et al.*, 2010).

Résilience (voir aussi système socio-écologique)

« La résilience d'un système socio-écologique est sa capacité à absorber les perturbations d'origine naturelle (un feu provoqué par la foudre, une sécheresse) ou humaine (une coupe forestière, la création d'un marché, une politique agricole), et à se réorganiser de façon à maintenir ses fonctions et sa structure ; en d'autres termes, c'est sa capacité à changer tout en gardant son identité. L'identité d'un système caractérise ses composantes, leur organisation, et leurs interrelations ; sa dynamique peut le conduire dans différents états » (Mathevet et Bousquet, 2014).

Ressources communes (*Common pool resources*) (voir aussi typologie des biens)

Aussi appelé ressource en propriété commune (*common property resources*), le « terme de "ressource commune" désigne un système de ressource suffisamment important pour qu'il soit coûteux (mais pas impossible) d'exclure ses bénéficiaires potentiels de l'accès aux bénéfices liés à son utilisation » (Ostrom, 2010).

Robustesse

« La robustesse est le maintien de caractéristiques désirées du système malgré les fluctuations du comportement de certaines parties ou bien de l'environnement. [...] Pour examiner la robustesse, au minimum trois questions doivent être posées : (1) quel est le système pertinent ? (2) quelles sont les caractéristiques désirées ? (3) quand l'effondrement d'une partie du système implique-t-il la perte de robustesse du système entier ? » (Anderies *et al.*, 2004).

Situation d'action (*IAD*) (voir arène d'action)

Système social et écologique

« L'objet de la résilience est progressivement passé de l'écosystème au système socio-écologique. En 1989 [...] G. Gallopin inclut dans ce concept les sous-systèmes sociaux (humains) et écologiques (biophysiques) en interaction mutuelle [...]. Ostrom publie dans les fameuses revues *PNAS* puis *Science*, deux articles proposant un cadre d'analyse pour les systèmes socio-écologiques élargis qui positionne avant tout les humains comme des usagers des ressources naturelles » (Mathevet et Bousquet, 2014).

Théorie des jeux (voir expérimentation, équilibre de Nash)

La théorie des jeux étudie des situations (appelées « jeux ») où des individus (les « joueurs ») prennent des décisions, chacun étant conscient que le résultat de son propre choix (sa stratégie) dépend de celui des autres.

Théorie du choix rationnel (voir aussi dilemmes)

Elinor Ostrom a apporté une contribution nouvelle à une théorie du choix qui était essentiellement fondée sur le choix rationnel individuel orienté vers la maximisation par chaque individu de sa propre utilité.

Elle a développé et exposé, dans son discours inaugural à l'Académie des sciences de Suède en 2009, une théorie du « choix rationnel procédural ». Elle met l'accent sur le choix dans des contextes d'arènes d'action et s'inscrit dans le cadre de la rationalité limitée d'Herbert Simon.

« Les individus poursuivent des buts mais le font en étant soumis à des contraintes de capacités limitées de cognition et de traitement de l'information, d'information incomplète, et à la subtile influence de prédispositions et de croyances culturelles » (McGinnis, 2011).

Tragédie des communs (voir aussi équilibre de Nash, théorie des jeux, expérimentation)

Avec l'exemple d'un pâturage exploité par deux agriculteurs, pâturage typique de l'Angleterre du XVIe siècle, G. Hardin illustre le fait que chaque usager d'une ressource commune, en ne se fiant qu'à son intérêt individuel, va choisir d'utiliser la ressource (ici le pâturage) de façon à maximiser ses gains individuels (les vaches qu'il élève sur le pâturage), augmentant ainsi le coût pour l'ensemble de la collectivité. C'est cette tension entre intérêt individuel et intérêt collectif qui caractérise les situations dites de dilemmes sociaux. Dans cet exemple, Hardin confond propriété commune et accès libre.

À partir de cas réels de dilemmes sociaux, Ostrom (1990) remet en cause les conclusions d'Hardin : « cette étude aurait atteint son objectif si elle servait à briser la conviction de nombreux analystes politiques qui pensent que la seule façon de résoudre des problèmes de biens communs est d'imposer la propriété privée ou une régulation centralisée »[29].

---

29. Traduit de l'anglais par les auteurs : « if this study does nothing more than shatter the convictions of many policy analysts that the only way to solve common pool resource problems is for external authorities to impose full private property rights or centralized regulation, it will have accomplished one major purpose ».

Typologie des biens (voir bien public ou collectif, bien commun)

Elinor Ostrom a considéré quatre types de biens en fonction de deux critères, la rivalité et l'exclusion. Le tableau ci-dessous les caractérise.

		Capacité de soustraire la ressource à l'usage d'autrui (rivalité)	
		Forte	Faible
Difficulté d'exclusion des bénéficiaires potentiels	Forte	Ressources communes : bassins d'eau souterraine, lacs, systèmes d'irrigation, pêcheries, forêts, etc.	Biens publics : paix et sécurité de la communauté, défense nationale, connaissances, protection contre les incendies, prévisions météorologiques, etc.
	Faible	Biens privés : alimentation, vêtements, automobiles, etc.	Biens de péage (de club) : théâtres, clubs privés, garderies, etc.

Source : Ostrom, 2011b.

Utilité (voir aussi théorie du choix rationnel)

« Pour E. Ostrom, le gain ou l'utilité qui motive l'individu est en fait la représentation – même erronée – qu'il s'en fait, et cette représentation est médiée par des valeurs culturelles et sociales (ainsi la récompense intérieure liée au respect d'une norme sociale) et ne se réduit pas aux composantes matérielles du gain » (Chanteau et Labrousse, 2013).

▌ RÉFÉRENCES CITÉES

Anderies J.-M., Janssen M.-A., Ostrom E., 2004. A framework to analyze the robustness of social-ecological systems from an institutional perspective. *Ecology and Society*, 9 (1), revue en ligne : http://www.ecologyandsociety.org/vol9/iss1/art18/ (consulté le 26 mai 2017).

Anderies J.-M., Janssen M.-A., Schlager E., 2016. Institutions and the performance of coupled infrastructure systems. *International Journal of the Commons*, 10, (2), 495-516.

Andersson K.-P., Ostrom E., 2008. Analyzing decentralized resource regimes from a polycentric perspective. *Policy Science*, 41 (1), 71-93.

Antona M., Sabourin E., 2004. Action collective et développement : apports d'Elinor Ostrom. *In : Séminaire Action collective* (Sabourin E., Antona M., Coudel E., dir.), Montpellier, Cirad.

Antony D.-L., 2011. States, social capital and cooperation: looking back on *Governing the Commons*. *International Journal of the Commons*, 5 (2), 284-302.

Agilica P.-D., Boetke P.-J., 2009. Challenging Institutional Analysis and Development, the Bloomington School. New York, Routledge.

Agrawal A., 2007. Forests, governance, and sustainability: common property and its contributions. *International Journal of the Commons*, 1 (1), 111-136.

Agrawal A., Ostrom E., 2001. Collective action, property rights, and decentralization in resource use in India and Nepal. *Politics & Society*, 29 (4), 485-514.

Ahn T.-K., Ostrom E., Walker J.-M., 2010. A common-pool resource experiment with postgraduate subjects from 41 countries. *Ecological Economics*, 69 (12), 2624-2633.

Arrègle J.-L., Durand R., Very P., 2004. Origines du capital social et avantages concurrentiels des firmes familiales. *M@n@gement*, 7 (2), 13-36.

Aubert P.-M., 2010. Action publique et société rurale dans la gestion des forêts marocaine : changement social et efficacité environnementale. Thèse de doctorat en sciences sociales pour l'environnement, Montpellier, AgroParisTech.

Baggio J.-A., Barnett A.-J., Perez-Ibarra I., Brady U., Ratajczyk E., Rollins N., Rubiños C., Shin H.C., Yu D.-J., Aggarwal R., Anderies J.-M., Janssen M.-A., 2016. Explaining the success and failures in the commons: the configural nature of Ostrom's institutional design principles. *International Journal of the Commons*, 10, (2), 417-439.

Ballet J., Koffi K.J.M., Komena K.-B., 2009a. Co-management of natural resources in developing countries: the importance of context. *International Economics*, 120, 53-76.

Ballet J., Koffi K.J.M., Komena K.-B., 2009b. La soutenabilité des ressources forestières en Afrique subsaharienne francophone. Quels enjeux pour la gestion en commun ? *Mondes en développement*, 148, 31-46.

Ballet J., Koffi K.J.M., Komena K.B., Randrianalijaona M.T., 2011. *Comment préserver les ressources naturelles ?* Paris, Les Presses de la rue d'Ulm.

Barnett A.-J., Baggio J.-A., Shin H.-C., Yu D.-J., Perez-Ibarra I., Rubiños C., Brady U., Ratajczyk E., Rollins N., Aggarwal R., Anderies J.-M., Janssen M.-A., 2016. An iterative approach to case studies analysis: insights from qualitative analysis of quantitative inconsistencies. *International Journal of the Commons*, 10 (2), 467-494.

Basurto X., Ostrom E., 2009. Beyond the tragedy of the commons. *Economia delle fonti di energia e dell'ambiente*, 52 (1), 35-60.

Basurto X., Ostrom E., 2013. Façonner des outils d'analyse pour étudier le changement institutionnel. *Revue de la régulation, Capitalisme, institutions, pouvoirs*, 14 (2), numéro spécial Autour d'Ostrom, communs, droits de propriété et institutionnalisme méthodologique (version originale : Crafting analytical tools to study institutional change, 2011. *Journal of Institutional Economics*, 7 (3), 317-343).

Bauwens M., 2015. Sauver le monde : vers une économie post-capitaliste avec le peer-to-peer. Paris, Les liens qui libèrent.

Berkes F., Hughes T.-P., Steneck R.-S., Wilson J.-A., Bellwood D.-R., Crona B., Folke C., Gunderson L.-H., Leslie H.-M., Norberg J., Nyström M., Olsson P., Österblom H., Scheffer M., B. Worm, 2006. Globalization, Roving Bandits, and Marine Resources. *Science* 17-311 (5767), 1557-1558.

Bevort A., Lallement M. (dir.), 2006. *Le capital social : performance, équité et réciprocité*. Paris, La Découverte.

Blundo G., 2011. Une administration à deux vitesses : projets de développement et construction de l'État au Sahel. *Cahiers d'études africaines*, 202-203, 427-452.

Bollier D., 2015. La renaissance des communs. Pour une société de coopération et de partage. Paris, Éditions Charles Léopold Mayer.

Bollier D., Helfrich S. (dir.), 2015. *Patterns of Commoning*. Amherst (Mass.), The Common Strategy Group.

Bourdieu P., 1980. Le capital social. Notes provisoires. *Actes de la recherche en sciences sociales*, 31 (1), 2-3.

Bousquet F., Weber J., Antona M., 1994. Control nature or play with it? Multi agents modelling and renewable resources management. *In : IIIrd International Conference of International Society for Ecological Economics*, San Jose (Costa Rica), International Society for Ecological Economics.

Brondizio E., Ostrom E., Young O., 2012. Connectivity and the governance of multilevel Socio-Ecological Systems: the role of social capital. *In : Agro-ressources et écosystèmes : enjeux sociétaux et pratiques managériales* (Christophe B., Pérez R., dir.). Villeneuve d'Ascq, Presses universitaires du Septentrion, 33-70 (version originale : 2009. *Annual Review of Environment and Resources*, 34, 253-278).

Caillé A., 2013. *Manifeste convivialiste*. Lormont, Le bord de l'eau, 2013.

Carlile P.-R., 2004. Transferring, translating, and transforming: An integrative framework for managing knowledge across boundaries. *Organization Science*, 15 (5), 555-568.

Chanteau J.-P., Coriat B., Labrousse A., Orsi F. (dir.), 2013. Autour d'Ostrom : communs, droits de propriété et institutionnalisme méthodologique. *Revue de la régulation*, 14 (2).

Chanteau J.-P., Labrousse A., 2013. L'institutionnalisme méthodologique d'Elinor Ostrom : quelques enjeux et controverses. *Revue de la régulation*, 14 (2), revue en ligne : https://regulation.revues.org/10555 (consulté le 29 mai 2017).

Chhatre A., Agrawal A., 2008. Forest commons and local enforcement. *Proceedings of National Academy of Science*, 105 (36), 13286-13291.

Christophe B., Pérez R. (dir.), 2012. *Agro-ressources et écosystèmes : enjeux sociétaux et pratiques managériales*. Villeneuve d'Ascq, Presses universitaires du Septentrion.

Cole D.-H., McGinnis M.-D. (dir.), 2015a. Elinor Ostrom and the Bloomington School of Political Economy. Volume 1. Polycentricity in Public Administration and Political Science. Lanham, Lexington Press.

Cole D.-H., McGinnis M.-D. (dir.), 2015b. Elinor Ostrom and the Bloomington School of Political Economy. Volume 2. Resource Governance. Lanham, Lexington Press.

Cole D.-H., McGinnis M.-D. (dir.), 2017. Elinor Ostrom and the Bloomington School of Political Economy. Volume 3. A Framework for Policy Analysis. Lanham, Lexington Press.

Coleman J.-S., 1988. Social capital in the creation of human capital. *American Journal of Sociology*, 94, S95-S120.

Coleman E., Steed B., 2009. Monitoring and sanctioning in the commons: An application to forestry. *Ecological Economics*, 68 (7), 2106-2113.

ComMod, 2005. La modélisation comme outil d'accompagnement. *Natures Sciences Sociétés*, 13, 165-168.

ComMod, 2006. Modélisation d'accompagnement. *In : Modélisation et simulation multi-agents pour les sciences de l'homme et de la société* (Amblard F., Phan D., dir.). Londres, Hermes Sciences/Lavoisier, 241-252.

Conley A., Moote M., 2003. Evaluating collaborative natural resource management. *Society and Natural Resources*, 16 (5), 371-386.

Coriat B. (dir.), 2015. Le retour des communs. La crise de l'idéologie propriétaire. Paris, Les liens qui libèrent.

Cox M., Arnold G., Villamayor Tomás S., 2010. A review of design principles for community-based natural resource management. *Ecology and Society*, 15 (4), 38, revue en ligne : http://www.ecologyandsociety.org/vol15/iss4/art38/ (consulté le 11 avril 2017).

Crawford M.-B., 2016. Pourquoi nous avons perdu le monde, et comment le retrouver. Paris, La Découverte.

Crawford S.E.S., Ostrom E., 1995. A grammar of institutions. *American Political Science Review*, 89 (3), 582-600.

Crozier M., Friedberg E., 1981 [1977]. *L'acteur et le système*. Paris, Seuil.

Dardot P., Laval C., 2014. *Commun : essai sur la révolution du XXIe siècle*. Paris, la Découverte.

Dietz T., Ostrom E., Stern P.-C., 2003. The struggle to govern the commons. *Science*, 302 (5652), 1907-1912.

Ellis F., 1998. Household strategies and rural livelihood diversification. *The Journal of Development Studies*, 35 (1), 1-38.

Étienne M., 2010. La modélisation d'accompagnement : une démarche participative en appui au développement durable. Versailles, Éditions Quæ.

Folke C., Jansson Å., Rockström J., Olsson P., Carpenter S.R., Chapin F.S., Crépin A.S., Daily G., Danell K., Ebbesson J., Elmqvist T., Galaz V., Moberg F., Nilsson M., Österblom H., Ostrom E., Persson Å., Peterson G., Polasky S., Steffen W., Walker B., Westley F., 2011. Reconnecting to the Biosphere. *Ambio*, 40 (7), 719-738.

Forsyth T., Johnson C., 2014. Elinor Ostrom's legacy: Governing the commons and the rational choice controversy. *Development and Change*, 45 (5), 1093-1110.

Friedberg E., 1998. En lisant Hall et Taylor : néo-institutionnalisme et ordres locaux. *Revue française de science politique*, 48 (3), 507-514.

Frischmann B.-M., 2013. Two enduring lessons from Elinor Ostrom. *Journal of Institutional Economics*, 9 (4), 387-406.

Furubotn E.-G., Pejovich S., 1972. Property rights and economic theory: A survey of recent literature. *Journal of Economic Literature*, 10 (4), 1137-1162.

Godard O., 1997. L'environnement, du concept au champ de recherche et à la modélisation. *In : Tendances nouvelles en modélisation pour l'environnement* (Blasco F., dir.). Paris, Elsevier.

Greenwood R., Raynard R., Kodeih F., Micelotta E.R., Lounsbury M., 2011. Institutional complexity and organizational responses. *The Academy of Management Annals*, 5 (1), 317-371.

Griffon M., Weber J., 1996. La Révolution doublement verte : économie et institutions. *Cahiers Agricultures*, 5 (4), 239-242.

Haas P.-M., 1992. Epistemic communities and international policy coordination. *International Organization*, 46 (1), 1-35.

Hall P.-A., Taylor C.-R., 1997. La science politique et les trois néo-institutionnalismes. *Revue française de science politique*, 47 (3-4), 469-496.

Hammi S., Simonneaux V., Cordier J.-B., Genin D., Alifriqui M., Montes N., Auclair L., 2010. Can traditional forest management buffer forest depletion? Dynamics of Moroccan High Atlas Mountain forests using remote sensing and vegetation analysis. *Forest Ecology and Management*, 260 (10), 1861-1872.

Hardin G., 1968. The tragedy of the commons. *Sciences*, 162 (3859), 1243-1248.

Hayes T.M., Ostrom E., 2005. Conserving the world's forests: Are protected areas the only way? *Indiana Law Review*, 38 (3), 595-617.

Hinkel J., Boots W.-G., Shlüter M., 2014. Enhancing the Ostrom social-ecological system framework through formalization. *Ecology and Society*, 19 (3), revue en ligne : http://dx.doi.org/10.5751/ES-06475-190351 (consulté le 26 mai 2017).

Hollard G., Sene O., 2010. Elinor Ostrom et la gouvernance économique. *Revue d'économie politique*, 120 (3), 441-452.

Holling C.-S., 1973. Resilience and stability of ecological systems. *Annual Review of Ecology and Systematics*, 4, 1-23.

Hutton J., Adams W.M., Murombedzi J.-C., 2005. Back to the barriers? Changing narratives in biodiversity conservation. *Forum for Development Studies*, 32 (2), 341-370.

Janssen M.-A., Holahan R., Lee A., Ostrom E., 2010. Lab experiments for the study of social-ecological systems. *Science*, 328 (5978), 613-617

Jones B.T.B., Murphree M.-W., 2004. Community-based natural resource management as a conservation mechanism: lessons and directions. *In : Parks in Transition: Biodiversity, Rural Development, and the Bottom Line* (Child B., dir.). Londres, Earthscan, 63-103.

Jones P.-G., Thornton P.-K., 2003. The potential impacts of climate change on maize production in Africa and Latin America in 2055. *Global Environmental Change*, 13 (1), 51-59.

Jordan A.-J., Huitema D., Hildén M., van Asselt H., Rayner T.-J., Schoenefeld J.-J., Tosun J., Forster J., Boasson E.-J., 2015. Emergence of polycentric climate governance and its future prospects. *Nature Climate Change*, 5, 977-982.

Keys P.-W., van der Ent R.-J., Gordon L.-J., Hoff H., Nikoli R., Savenije H.H.G., 2012. Analyzing precipitationsheds to understand the vulnerability of rainfall dependent regions. *Biogeosciences*, 9, 733-746.

Le Moigne J.-L., 2006 [1977]. *La théorie du système général : théorie de la modélisation*. 4e édition, Aix-en-Provence.

Le Roy E., 2015. Genèse et transformation des droits sur le sol. Les communs et le droit de la propriété, entre concurrences et convergence. *La revue foncière*, 4, 28-32.

Le Roy E., 2016. Des communs « à double révolution ». *Droit et société*, 94, 603-624.

Leach M., Mearns R., eds, 1996. *The Lie of the Land: Challenging Received Wisdom on the African Environment*. Portsmouth, N.H.: Heinemann, xvi + 240 p.

Lecestre-Rollier B., 1986. L'espace collectif et les conflits chez les Ait Bou Guemez du Haut Atlas Central (Maroc). *Techniques et culture*, 7, 95-111.

Leroy M., 2010. Fondements critiques de l'analyse de la performance environnementale de dispositifs de développement durable. *In : Management, mondialisation, écologie : regards critiques en sciences de gestion* (Palpacuer F., Leroy M., Naro G., dir.). Paris, Hermès/Lavoisier, 281-304.

Leslie H.-M., Schlüter M., Cudney-Bueno R., Levin S.-A., 2009. Modeling responses of social-ecological systems of the Gulf of California to anthropogenic and natural perturbations. *Ecological Research*, 24 (3), 505-519.

Massé D., Borel S., Demailly D., 2015. Comprendre l'économie collaborative et ses promesses à travers ses fondements théoriques. *IDDRI Working Paper* n°05/15, Paris, IDDRI.

Mathevet R., 2004. Camargue incertaine : sciences, usages et natures. Paris, Buchet-Chastel.

Mathevet R., Bousquet F., 2014. *Résilience et environnement. Penser les changements socio-écologiques*. Paris, Buchet-Chastel.

Mathevet R., Couespel A., 2012. Histoire environnementale et political ecology des marais du Scamandre en Camargue occidentale. *In : Environnement, discours et pouvoir* (Gautier D., Benjaminsen T.A., dir.). Versailles, Éditions Quæ, 65-86.

Mathevet R., Peluso N., Couespel A., Robbins P., 2015. Using historical political ecology to understand the present: water, reeds, and biodiversity in the Camargue Biosphere Reserve, southern France. *Ecology and Society*, 20 (4), 17. doi.org/10.5751/ES-07787-200417.

Mathevet R., Mauchamp A., Lifran R., Poulin B., Lefebvre G., 2003. ReedSim: Simulating ecological and economical dynamics of Mediterranean reedbeds. *In : Integrative Modelling of Biophysical, Social and Economic Systems for Resource Management Solution* (Post D., dir.). Townsville (Australie), Modelling and Simulation Society of Australia and New Zealand Inc., 1007-1012.

Mauss M., 1923-1924. Essai sur le don. *L'année sociologique*, 1, 30-186.

McGinnis M.-D., 2011. An introduction to IAD and the language of the Ostrom Workshop: a simple guide to a complex framework. *Policy Studies Journal*, 39 (1), 169-183.

McGinnis M.-D., Ostrom E., 2014. Social-ecological system framework: initial changes and continuing challenges. *Ecology and Society*, 19 (2), http://dx.doi.org/10.5751/ES-06387-190230.

Mearns R., 1996. Community, collective action and common grazing: the case of post-socialist Mongolia. *Journal of Development Studies*, 32 (3), 297-339.

Mermet L., 1992. *Stratégie pour la gestion de l'environnement. La nature comme jeu de société ?* Paris, L'Harmattan.

Mermet L., 2010. L'environnement, concept gestionnaire et/ou concept critique. *In : Management, mondialisation, écologie : regards critiques en sciences de gestion* (Palpacuer F., Leroy M., Naro G., dir.). Paris, Hermès/Lavoisier, 261-280.

Mermet L., 2011. Strategic environmental management analysis: Addressing the blind spots of collaborative approaches. *IDDRI : Idées pour le débat*, 5, 34.

Mermet L., Billé R., Leroy M., Narcy J.-B., Poux X., 2005. L'analyse stratégique de la gestion environnementale : un cadre théorique pour penser l'efficacité en matière d'environnement. *Nature Sciences Société*, 13 (2), 137-147.

Nahapiet J., Ghoshal S., 1998. Social capital, intellectual capital, and the organizational advantage. *The Academy of Management Review*, 23 (2), 242-266.

Nepstad D., Schwartzman S., Bamberger B., Santilli M., Schlesinger P., Lefebvre P., Alencar A., Prinz E., Fiske G., Rolla A., 2006. Inhibition of Amazon Deforestation and Fire by Parks and Indigenous Lands. *Conservation Biology*, 20 (1), 65-73.

North D., 1990. *Institutions, Institutional Change and Economic Performance*. Cambridge University Press.

Olivier de Sardan J.P., 1995. *Anthropologie et développement : essai en socio-anthropologie du changement social*. Paris, APAD/Karthala.

Olson M., 1978. *Logique de l'action collective*. Paris, PUF.

Orach K., Schlüter M., 2016. Uncovering the political dimension of social-ecological systems: Contributions from policy process frameworks. *Global Environmental Change*, 40, 13-25.

Ostrom E., 1965. *Public Entrepreneurship: A Case Study in Ground-Water Basin Management*. Thèse de doctorat en économie, Los Angeles, University of California Los Angeles.

Ostrom E., 1990. *Governing the Commons: The Evolution of Institution for Collective Action*. New York, Cambridge University Press (version française : 2010. Gouvernance des biens communs : pour une nouvelle approche des ressources naturelles. Bruxelles, De Boeck).

Ostrom E., 1998. A behavioral approach to the rational choice theory of collective action. *American Political Science Review*, 92 (1), 1-22.

Ostrom E., 2005. *Understanding Institutional Diversity*. Princeton/Oxford, Princeton University Press.

Ostrom E., 2007. A diagnostic approach for going beyond panaceas. *Proceedings of National Academy of Science*, 104 (39), 15181-15187.

Ostrom E., 2009a. A general framework for analyzing sustainability of social-ecological systems. *Science*, 325 (5939), 419-423.

Ostrom E., 2009b. A polycentric approach for coping with climate change, *Policy Research Working Paper*, 5095, http://dx.doi.org/10.1596/1813-9450-5095.

Ostrom E., 2010. A long polycentric journey. *Annual Review of Political Science*, 13, revue en ligne : http://dx.doi.org/10.1146/annurev.polisci.090808.123259 (consulté le 26 mai 2017).

Ostrom E., 2011a. Background on the Institutional Analysis and Development Framework. *Policy Studies Journal*, 39 (1), 7-27.

Ostrom E., 2011b. Par-delà les marchés et les États, la gouvernance polycentrique des systèmes économiques complexes. Discours de Stockholm, le 8 décembre 2009. *Revue de l'OFCE. Débats et politiques*, 120 (2011), 15-72.

Ostrom E., 2011c. Overcoming the Samaritan's dilemma in development aid. *In : Development Challenges in Postcrisis World* (Sepulveda C., Harrison A., Lin J.Y., dir.). Annual World Bank Conference on Development Economics Global, Washington D.C., World Bank.

Ostrom E., 2012a. Agir à plusieurs échelles pour faire face au changement climatique et d'autres problèmes d'action collective. Paris, Institut Veblen.

Ostrom E., 2012b. Why do we need to protect institutional diversity. *European Political Science*, 11 (1), 128-147.

Ostrom E., Basurto X., 2011. Crafting analytical tools to study institutional change. *Journal of Institutional Economics*, 7 (3), 317-343. doi:10.1017/S1744137410000305.

Ostrom E., Gardner R., Walker J., 1994. *Rules, Games, and Common-Pool Resources*. Chicago, University of Michigan Press.

Ostrom E., Janssen M.-A., Anderies J.-M., 2007. Going beyond panaceas. *Proceedings of the National Academy of Sciences*, 104 (39), 15176-15178.

Ostrom E., Nagendra H., 2006. Insights on linking forests tree and people from the air, on the ground and in the laboratory. *Proceedings of National Academy of Science*, 103 (51), 19224-19231.

Ostrom E., Walker J., Gardner R., 1992. Covenants with and without a sword: Self-governance is possible. *The American Political Science Review*, 86 (2), 404-417.

Ostrom V., Tiebout C.-M., Warren R., 1961. The organization of government in metropolitan areas: A theoretical inquiry. *American Political Science Review*, 55 (4), 831-842.

Palsson G., 2011. Genomic stuff: governing the im(mater) of life. *International Journal of the Commons*, 5 (2), 259-283.

Pérez R., Paranque B. (dir.), 2015. Elinor Ostrom : les communs et l'action collective. *Revue de l'organisation responsable*, 7 (2), 3-10.

Pérez R., Silva F. (dir.), 2013. Gestion des biens collectifs, capital social et auto-organisation : l'apport d'Elinor Ostrom à l'économie sociale et solidaire. *Revue management & avenir*, 65.

Poteete A.-R., Janssen M.-A., Ostrom E., 2010. *Working Together: Collective Action, the Commons, and Multiple Methods in Practice*. Princeton, Princeton University Press.

Poulin B., Mathevet R., Lefebvre G., 2006. Gestion expérimentale en Petite Camargue gardoise : impact de trois années d'interruption de coupe du roseau sur le butor étoilé. *In : Recueil d'expériences du Programme LIFE Butor étoilé : biologie et gestion des habitats du Butor étoilé* (Kerbiriou E., dir.). Rochefort, LPO, 50-51.

Pratt M.-G., Foreman P.-O., 2000. Classifying managerial responses to multiple organizational identities. *Academy of Management Review*, 25 (1), 18-42.

Putnam R.-D., 1995. Bowling alone: America's declining social capital. *Journal of Democracy*, 6 (1), 65-78.

Ribot J., Peluso N., 2003. A Theory of Access. *Rural Sociology*, 68 (2), 153-181.

Rifkin J., 2005. L'âge de l'accès : la nouvelle culture du capitalisme. Paris, La Découverte.

Robbins P., 2004. *Political Ecology: A Critical Introduction*. Oxford, Blackwell.

Rockström, J., Steffen W., Noone K., Persson A., Chapin F.S., Lambin E., Lenton T. M., Scheffer M., Folke C., Schellnhuber H., Nykvist B., De Wit C. A., Hughes T., van der Leeuw S., Rodhe H., Sörlin S., Snyder P.-K., Costanza R., Svedin U., Falkenmark M., Karlberg L., Corell R. W., Fabry V. J., Hansen J., Walker B., Liverman D., Richardson K., Crutzen P., Foley J., 2009. Planetary boundaries:exploring the safe operating space for humanity. *Ecology and Society* 14 (2), 32.

Romagny B., Auclair L., Elgueroua A., 2008. La gestion des ressources naturelles dans la vallée des Aït Bouguemez (Haut Atlas) : la montagne marocaine à la recherche d'innovations institutionnelles. *Mondes en développement*, 36 (1), 63-80.

Sabourin E., Antona M. (dir.), 2005. Les tensions entre lien social et intérêts matériels dans les processus d'action collective. Paris, Cirad/Petite bibliothèque du MAUSS.

Sabourin E., Antona M., Buyse N., 2003. L'action collective en sciences sociales. Note sur les définitions du concept selon le positionnement disciplinaire. Séminaire permanent Action collective (Sabourin E., Antona M., Coudel E.), Montpellier, Cirad.

Salamon L., Anheier H.-K. (dir.), 1997. *Defining the Nonprofit Sector: A Cross-National Analysis*. Manchester, Manchester University Press.

Sandberg A., 1994. Gestion des ressources naturelles et droits de propriété dans le grand nord norvégien : éléments pour une analyse comparative. *Nature Sciences Société*, 2 (4), 323-335.

Schlager E. Ostrom E., 1992. Property-rights regimes and natural resources: A conceptual analysis. *Land Economics*, 68 (3), 249-262.

Scott J., Marshall G., 2009. *A Dictionary of Sociology*. Oxford, Oxford University Press (4e édition révisée, 1ere édition, Marshall, 1998).

Sibony D., 2016. Capital social : les dimensions d'un concept pertinent. *Sciences et Actions Sociales*, 3 (2016), 1-20, www.sas-revue.org/index. php/17-varia/55-capital-social-les-dimensions-d-un-concept-pertinent (consulté le 07 juin 2017).

Simon H.-A., 1976. From substantive to procedural rationality. *In : Method and Appraisal in Economics* (Latsis S. J., dir.). Cambridge, Cambridge University Press, 129-148.

Steffen W., Crutzen P.-J., McNeill J.-R., 2007. The Anthropocene: are humans now overwhelming the great forces of nature. *Ambio*, 36 (8), 614-621.

Stern P.-C., 2011. Design principles for global commons: natural resources and emerging technologies. *International Journal of the Commons*, 5 (2), 213-232.

Thomé P., 2016. (Biens) communs : quel avenir ? Un enjeu stratégique pour l'économie sociale et solidaire. Gap, Éditions Yves Michel.

Tirole J., 2006. *L'économie du bien commun*. Paris, PUF.

Vedeld T., 1996. Enabling local institution building: reinventing or enclosing the commons on the Sahel. *In : Improved natural resource management : the role of formal organizations and informal networks and institutions.* Ed Marcussen, Occasional paper 17. Denmark, IDS.

Weber J., 1995. Fondement théorique d'un programme de recherche, gestion des ressources naturelles renouvelables. In : Bouamrane M., Antona M., Barbault R., Cormier-Salem M.C. (coord.), 2013, *Rendre possible. Jacques Weber, itinéraire d'un économiste passe-frontière*s, IRD, Nature Sciences et sociétés-Dialogue Quae, Montpellier, p. 135-138 (coll. Indisciplines).

Weber J, 2000. Pour une gestion sociale des ressources naturelles. *In : Administrer l'environnement en Afrique : gestion communautaire, conservation et développement durable* (Compagnon D., Constantin F., dir.). Paris, Karthala, 79-106.

White H.-C., 1992. *Identity and Control: A Structural Theory of Social Action*. Princeton, Princeton University Press.

█ SIGLES

AAF : Académie d'agriculture de France.

Capri : Programme de recherche sur l'action collective et la propriété (Collective Action and Property Rights), établi au sein d'un Consortium international pour la recherche agronomique (CGIAR), http://capri.cgiar.org/.

CIHEAM-IAM : Institut agronomique méditerranéen, un des quatre instituts du Centre international de hautes études agronomiques méditerranéennes.

Cirad : Centre international de recherche en agronomie pour le développement.

Cnam : Conservatoire national des arts et métiers.

COP : Conférence des parties d'un accord international ; les COP 21 et 22 sont les deux dernières Conférences des parties de l'accord international sur le climat, organisées respectivement à Paris (2015) et Rabat (2016).

Escm : École supérieure de communication et management.

ESS : Économie sociale et solidaire.

Green : Gestion des ressources renouvelables et environnement, unité de recherche du Cirad créé en 1993 par Jacques Weber.

IASCP – devenue IASC : Association internationale pour l'étude des biens communs.

Ifri : International Forestry Resources and Institutions, Ressources et institutions forestières internationales, programme collaboratif de recherche, http://www.ifriresearch.net.

OCDE : Organisation de coopération et développement économique.

REDD : Réduction de la déforestation évitée et de la dégradation des forêts, programme associé à la Convention des Nations Unies sur le climat.

Édition
Yann Lézénès, Françoise Réolon
Mise en page
Desk (www.desk53.com.fr)
Imprimé pour vous par Books on Demand (Allemagne)